Sistemi Combinatori
&
Mappe di Karnaugh

Domenico CAPANO

E=0 F=0

CD \ AB	00	01	11	10
00	1	0	0	0
01	0	0	0	0
11	0	0	1	0
10	0	0	0	1

E=1 F=0

CD \ AB	00	01	11	10
00	0	0	0	0
01	0	0	0	0
11	0	0	1	0
10	0	0	0	1

CD \ AB	00	01	11	10
00	0	0	0	0
01	0	0	0	0
11	0	0	1	0
10	1	0	0	1

E=0 F=1

CD \ AB	00	01	11	10
00	0	0	0	0
01	0	0	0	0
11	0	0	1	0
10	0	0	0	1

E=1 F=1

Lulu.com

Sistemi Combinatori & Mappe di Karnaugh

Lulu.com.

ISBN: 978-1-4092-2733-5
Editore: Lulu.com
Detentore dei diritti: Domenico Capano
Copyright: © 2008 Domenico Capano Standard Copyright License
Lingua: Italian
Paese: Italia
Edizione: Seconda edizione

a mio Padre

Sommario

Introduzione

Il libro è stato scritto, inizialmente, come Modulo sulle Mappe di Karnaugh e, testato, positivamente, su un gruppo: discenti IPSIA G. Plana di Torino nel 2007; in questa seconda edizione è stato rivisto ed ampliato.

Nel libro sono trattati i concetti fondamentali della logica booleana con indicazione di schemi sia logici sia a relais e contatti.

Non mancano nel testo esempi ed esercizi svolti auto-istruttivi.

Nel primo capitolo si parte da semplici concetti come quello di variabile binaria per poi passare all'interpretazione dei diversi sistemi di numerazione posizionali: come si interpreta il sistema decimale, binario ed esadecimale; qual è la formula di conversione da un numero avente base qualunque ad un numero decimale e viceversa.

Nel secondo capitolo sono trattati gli operatori logici e le porte logiche.

Nel terzo capitolo introduciamo definizioni e concetti applicabili ai circuiti combinatori: che cosa è un circuito combinatorio, un mintermine, un Maxtermine, la distanza di Hamming fra due configurazioni di bit, quali sono le forme canoniche di una funzione booleana, come si costruisce il *codice di Gray*, che cosa è una Mappa di Karnaugh.

Nel quarto capitolo trattiamo dei metodi sistematici per minimizzare le funzioni booleane: calcolare una uscita Q in funzione di variabili binarie di ingresso, minimizzare una uscita Q usando le Mappe di Karnaugh, ricavare il *circuito logico* di una funzione di uscita Q, ricavare il *circuito elettrico* a relais e contatti di una funzione booleana di uscita Q.

Nel quinto capitolo mostreremo: esercizi di riepilogo e vari esercizi sulle mappe di karnaugh, conoscere la funzionalità del Multiplexer.

Nel sesto capitolo mostreremo esempi interessanti per superare la *Verifica in Classe*.

Nel settimo capitolo mostriamo come si calcola e minimizza, attraverso le *mappe di Karnaugh*, una funzione booleana in funzione di *5 e 6 variabili* di Ingresso.

Nell'appendice trattiamo degli assiomi e teoremi dell'algebra booleana che servono per manipolare le funzioni come ad esempio: minimizzare le funzioni logiche.

Cap. 1 Sistemi Numerici

Concetti introduttivi

Si può pensare ad una qualunque variabile come ad un cassetto di un comodino ed al valore della variabile come al contenuto di tale cassetto in un dato tempo.

Si definisce *variabile binaria*, (ad esempio la variabile **A**) una variabile che può assumere due soli valori: lo **zero** oppure l'**uno**.

Nel caso delle variabili binarie avremo, quindi, che il cassetto può contenere, in diversi tempi, soltanto Zeri ed Uni.

Notare che: la variabile binaria **A** non può valere in contemporanea **0** od **1**. La variabile A vale, in un determinato tempo, **0** oppure **1**.

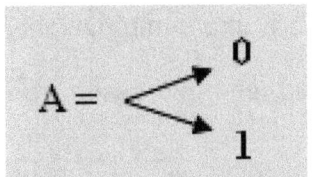

A=0 oppure A=1; nel cassetto del comodino ci sarà, quindi, o lo zero oppure l'uno.

Una variabile binaria come la lettera **A** si chiama anche *variabile booleana*, in onore al matematico *George Boole* inventore dell'algebra booleana.

Anticipiamo che: un bit è una variabile binaria.

Due variabili binarie come A e B possono assumere al massimo 4 combinazioni diverse (che differiscono per almeno un valore l'una dall'altra); ossia, le seguenti combinazioni: A=0, B=0; A=0, B=1; A=1, B=0; A=1, B=1.

	A	**B**
0)	0	0
1)	0	1
2)	1	0
3)	1	1

Tre variabili binarie A, B e C possono assumere al massimo 8 combinazioni diverse.

	A	B	C
0)	0	0	0
1)	0	0	1
2)	0	1	0
3)	0	1	1
4)	1	0	0
5)	1	0	1
6)	1	1	0
7)	1	1	1

Tab. 1 Possibili combinazioni per 3 variabili binarie

Così di seguito. Quattro variabili binarie possono assumere 16 combinazioni diverse.
Cinque variabili binarie possono assumere 32 combinazioni diverse.

In generale, avendo *N variabili binarie* esse possono assumere 2^N combinazioni diverse; **una qualunque riga è una combinazione, diversa da quelle delle altre righe**.
L'esponente *N* è un numero intero positivo, che può assumere i valori: 1, 2, 3, 4, 5, 6... eccetera.

Ad esempio, per *N* = 4 variabili binarie avremo: $2^N = 2^4 = 16$ combinazioni diverse; ossia, 16 righe (numerate da 0 fino a 15).

Nota.
Definiamo combinazione binaria ognuno dei gruppi (delle righe) che si può formare con un certo numero (N) di oggetti (bit) di un dato insieme (0, 1) in modo che ciascun gruppo (riga) differisca almeno di un elemento (valore del bit) da ogni altro gruppo ottenibile con lo stesso procedimento.
Le diverse combinazioni assunte dalle variabili binarie si leggono, quindi, per riga.
Ogni variabile binaria ha un determinato peso in base alla posizione assunta nella riga.
La variabile binaria che ha peso minore occupa la posizione all'estrema destra della riga; la variabile che ha peso maggiore occupa la posizione all'estrema sinistra della riga.

I sistemi numerici ed alfanumerici

Definizione di simboli alfanumerici

Un *simbolo alfanumerico*, in un sistema numerico, è un numero naturale costituito dalle cifre 0, 1, 2, 3, 4, 5, 6, 7, 8, 9 e/o una lettera maiuscola dell'alfabeto latino come (A, B, C, D, E, F).

Definizione di Base

Per *Base* b di un *sistema numerico* si intende il numero di *cifre* diverse fra loro che il sistema utilizza.
Per Base b di un *sistema alfanumerico* si intende il numero di *simboli alfanumerici* diversi fra loro che il sistema utilizza.

Il sistema decimale

Il sistema decimale è il sistema numerico avente base b=10, utilizzato dagli umani nella loro vita quotidiana; esso usa dieci cifre diverse: 0, 1, 2, 3, 4, 5, 6, 7, 8, 9.
In questo sistema ogni numero è espresso come potenza del dieci.
La cifra all'*estrema destra* del numero decimale è la **cifra meno significativa**, cioè quella che ha *peso minore* nel numero decimale.
La cifra all'*estrema sinistra* del numero decimale è la **cifra più significativa**, cioè quella che ha *peso maggiore* all'interno del numero decimale.

Il sistema binario

Il *sistema binario* è il sistema avente Base b=2; esso utilizza le cifre: 0,1.
In questo sistema ogni numero è espresso come potenza del due.
La cifra all'*estrema destra* del numero binario è la **cifra meno significativa** (LSB), ossia quella che ha *peso minore* nel numero binario.
La cifra all'*estrema sinistra* del numero binario è la **cifra più significativa** (MSB), ossia quella che ha *peso maggiore* all'interno del numero binario.

Il sistema esadecimale

Il *sistema esadecimale* è il sistema avente Base b=16; esso usa sedici *simboli alfanumerici* diversi: 0,1,2,3,4,5,6,7,8,9,A,B,C,D,E,F. (la lettera A è usata al posto della cifra 10, la lettera B al posto della cifra 11, C al posto della cifra 12, D al posto della cifra 13, E al posto della cifra 14 e F al posto della cifra 15).

Si usano le prime sei lettere maiuscole dell'alfabeto latino A, B, C, D, E, F per rendere di univoca interpretazione ogni singolo *simbolo alfanumerico* del sistema esadecimale, cosa che non accadrebbe se usassimo al loro posto i numeri: 10, 11, 12, 13, 14 e 15.

Nel sistema esadecimale ogni numero è espresso come potenza del sedici.

Il simbolo alfanumerico all'*estrema destra* del numero esadecimale è il *simbolo meno significativo*, ossia quello che ha *peso minore* nel numero.

Il simbolo alfanumerico all'*estrema sinistra* del numero esadecimale è il *simbolo più significativo*, ossia quello che ha *peso maggiore* all'interno del numero.

Un esempio di numero esadecimale, o stringa esadecimale è: B35D.

B	3	5	D
Simbolo più significativo			Simbolo meno significativo

Impareremo in seguito che, essendo il sistema esadecimale un sistema posizionale, la stringa esadecimale B35D corrisponde al numero decimale:

$11 \times 16^3 + 3 \times 16^2 + 5 \times 16^1 + 13 \times 16^0 =$
$= 11 \times 4096 + 3 \times 256 + 5 \times 16 + 13 + 1 =$
$= 45056 + 768 + 80 + 13 =$
$= 45917$

Notiamo che la cifra esadecimale B ha peso 4096, la cifra esadecimale 3 ha peso 256, la cifra esadecimale 5 ha peso 16 e la cifra esadecimale D ha peso 1.

Il sistema binario come sistema posizionale

Un *numero binario* è un numero formato da una <u>sequenza</u> di *zeri* ed *uni* chiamata *stringa binaria*. Ogni singolo elemento della stringa binaria si chiama **bit** (bit deriva da **bi**nary digi**t**, ossia cifra binaria). Ogni bit, ossia ogni *zero* ed ogni *uno* ha un significato (un *peso* preciso) in base alla posizione assunta dal bit nella stringa, cioè nella *sequenza* (riga di bit).

Numeriamo le posizioni dei bit partendo <u>da destra verso sinistra</u> e chiamiamo la prima posizione 0 la seconda posizione 1, la terza posizione 2 e la generica posizione k.

Chiamiamo C0 la cifra binaria (il bit) avente posizione zero-esima, C1 la cifra binaria di posizione uno-esima, C2 la cifra binaria avente posizione due-esima, Ck la cifra binaria di posizione generica k-esima, eccetera.

Ad esempio, un numero binario formato da *N* = 6 bit (stringa binaria 101101) avrà la numerazione delle posizioni dei bit come mostrato nella seguente tabella:

C5	C4	C3	C2	C1	C0	Ck cifra binaria k-esima
5	4	3	2	1	0	k indice di posizione
1	0	1	1	0	1	Numero binario
MSB					LSB	

Tab. 2 Esempio di stringa binaria

MSB (Most Significant Bit) rappresenta il bit avente maggiore peso, uguale, in questo esempio, a 32; LSB (Least Significant Bit) rappresenta il bit avente minore peso, uguale ad 1.

Il numero binario, in questione, 1 0 1 1 0 1 corrisponde ad un <u>preciso</u> numero intero decimale.

La formula di traduzione da Numero binario a Numero decimale è la seguente:

Ndecimale =

$$C_{N-1} \bullet 2^{N-1} + C_{N-2} \bullet 2^{N-2} + \circ\circ\circ + C_3 \bullet 2^3 + C_2 \bullet 2^2 + C_1 \bullet 2^1 + C_0 \bullet 2^0$$

[1]Le cifre Ck, della formula precedente, sono: il valore del bit (1 oppure 0) nella posizione k-esima, per k che assume i valori: 0, 1, 2, 3, 4,...,N-1, dove il numero N rappresenta il numero di bit (uni oppure zeri) della stringa binaria (numero binario).

---

[1] Il pallino nero rappresenta, in questo caso, il segno di moltiplicazione.

Quindi, per il numero binario 1 0 1 1 0 1, sopra esposto, con N=6 bit, avremo che:

Ndecimale =

$$= C_5 \bullet 2^5 + C_4 \bullet 2^4 + C_3 \bullet 2^3 + C_2 \bullet 2^2 + C_1 \bullet 2^1 + C_0 \bullet 2^0$$
$$= 1 \bullet 2^5 + 0 \bullet 2^4 + 1 \bullet 2^3 + 1 \bullet 2^2 + 0 \bullet 2^1 + 1 \bullet 2^0$$
$$= 1 \bullet 32 + 0 \bullet 16 + 1 \bullet 8 + 1 \bullet 4 + 0 \bullet 2 + 1 \bullet 1$$
$$= 32 + 8 + 4 + 1$$
$$= 45$$

Ricordiamo che, per definizione: <u>qualsiasi numero elevato a 0 fa uno</u> come risultato, quindi anche: 2^0=1.

Nel caso in esame tutte le cifre Ck valgono: C5=1, C4=0, C3=1, C2=1, C1=0, C0=1

Nell'esempio sopra esposto si comincia dalla cifra C5 in quanto $N-1 = 6-1=5$ e si scende fino a C0.
Se il numero di bit della stringa binaria fosse stato 9 come nel seguente numero binario: 101110011 avremmo avuto: N=9 bit per cui si parte sempre da $N-1$, ossia da C8 e si scende a C7, C6 ... fino a C0.

C8	C7	C6	C5	C4	C3	C2	C1	C0
1	0	1	1	1	0	0	1	1

Tab. 3 Valori delle Cifre Binarie

Il corrispondente valore decimale del numero binario si ricava applicando la seguente formula.

Ndecimale =

$$C_8 \bullet 2^8 + C_7 \bullet 2^7 + C_6 \bullet 2^6 + C_5 \bullet 2^5 + C_4 \bullet 2^4 + C_3 \bullet 2^3 + C_2 \bullet 2^2 + C_1 \bullet 2^1 + C_0 \bullet 2^0$$

Sostituendo alle cifre Ck (per k che varia da 0 fino ad 8) i valori del numero binario della tabella 3 avremo il seguente risultato:

$$=1x256 + 0x128 + 1x64 + 1x32 + 1x16 + 0x8 + 0x4 + 1x2 + 1x1 =$$
$$= 256+32+16+2+1 =$$
$$= \mathbf{307}.$$

L'MSB è il bit della cifra C8 avente valore 1, che ha peso uguale a 256.

Il sistema decimale come sistema posizionale

Un qualunque *numero decimale* ha, anche esso, un significato diverso in base alla posizione assunta, nella *stringa decimale*, dalle cifre che lo compongono.

Numeriamo le posizioni delle cifre del numero decimale partendo da destra verso sinistra e, chiamiamo la prima posizione 0, la seconda posizione 1, la terza posizione 2 e la generica posizione k. Chiamiamo C0 la cifra decimale (il numero) avente posizione zero-esima, C1 la cifra decimale di posizione uno-esima, C2 la cifra decimale avente posizione due-esima, Ck la cifra decimale di posizione generica k-esima, eccetera.

Ad esempio, un numero decimale come il numero 934126 è formato da N = 6 cifre (stringa decimale 934126) ed avrà la numerazione delle posizioni delle cifre decimali come mostrato nella seguente tabella:

C5	C4	C3	C2	C1	C0	Ck cifra decimale k-esima
5	4	3	2	1	0	k indice di posizione
9	3	4	1	2	6	Numero decimale

Tab. 4 Esempio di stringa decimale

La stringa decimale, sopra mostrata, 934126 (novecentotrentaquattromilacentoventisei), che sappiamo essere costituita da 6 unità, 2 decine 1 centinaia, 4 migliaia, 3 deci-migliaia e 9 centi-migliaia, si interpreta come:

Ndecimale=

$$C_5 \times 10^5 + C_4 \times 10^4 + C_3 \times 10^3 + C_2 \times 10^2 + C_1 \times 10^1 + C_0 \times 10^0 =$$
$$= 9 \times 10^5 + 3 \times 10^4 + 4 \times 10^3 + 1 \times 10^2 + 2 \times 10^1 + 6 \times 10^0 =$$
$$= 900000 + 30000 + 4000 + 100 + 20 + 6 \times 1 =$$
$$= 934126$$

Nel caso preso in esame le cifre Ck valgono: C5=9, C4=3, C3=4, C2=1, C1=2, C0=6, essendo l'alfabeto del nostro sistema numerico decimale costituito dalle cifre o simboli (0, 1, 2, 3, 4, 5, 6, 7, 8, 9).

La differenza tra le due formule di Ndecimale, per il sistema binario e per il sistema decimale, è nel fatto che: il sistema decimale (in cui valori delle cifre sono 0, 1, 2, 3, 4, 5, 6, 7, 8, 9) ha la Base b=10 ed il sistema binario (i cui valori delle cifre o dei bit sono: 0 ed 1) ha Base b=2.

Notiamo che nel sistema numerico decimale la Ndecimale, da noi scritta, rappresenta il numero decimale vero e proprio, non una conversione.

Conversione di Base

Un metodo per convertire un *Numero* intero decimale (Base 10) in numero appartenente ad una Base b, diversa e minore di 10, consiste nel dividere il Numero decimale per la Base b, in cui si intende convertirlo, conservando il Resto.
Il *Quoziente* intero, che si ottiene dalla prima divisione, si divide ancora per la stessa Base b ottenendo un altro *Quoziente*.
Questo *Quoziente* si divide ancora per la Base b fino ad ottenere un *Quoziente* pari a zero.
Tutti i Resti che si ottengono dalla divisione forniscono il numero convertito, tenendo conto che al Resto ottenuto dalla prima divisione corrisponde la *cifra di minor peso* ed al Resto ottenuto dall'ultima divisione corrisponde la *cifra di maggior peso*.

Esercizio: Conversione di un numero decimale in numero binario

La conversione di un Numero decimale (ad esempio 45) in un numero binario avviene usando la divisione intera per la Base b=2 e prendendo il Resto della divisione intera. Ricordando che per la divisione fra numeri interi vale la seguente formula matematica:

$$\frac{Numeratore}{Deno\min atore} = Quoziente + \frac{\text{Re} sto}{Deno\min atore}$$

avremo che, se poniamo nella seguente tabella come *Numeratore* il Numero intero 45 e come *Denominatore* la Base del **sistema binario**, ossia il numero intero 2, la formula sopra scritta si traduce nella seguente:

$$\frac{Numero}{Base} = Quoziente + \frac{\text{Re} sto}{Base} = \frac{45}{2} = Quoziente + \frac{\text{Re} sto}{2}$$

Numero	Base	Quoziente	Resto	Cifra
45	2	22	1	C_0
22	2	11	0	C_1
11	2	5	1	C_2
5	2	2	1	C_3
2	2	1	0	C_4
1	2	0	1	C_5
0				

Tab. 5 Tabella della divisione Intera per 2

Per ottenere il numero binario a noi interessa considerare soltanto il Resto intero. Ricordiamo che: il Resto intero della divisione per una Base generica b può essere soltanto un numero intero compreso fra 0 e b-1, ossia: (0,1,2,3, ... b-1; arrivati a b-1 ci si ferma).

Ad esempio, se la base b vale 10, come nel nostro sistema numerico decimale, il Resto della divisione fra interi (Resto intero) sarà un qualunque numero compreso fra 0 e 9 (0,1,2,3,4,5,6,7,8,9). Se la base b vale 2 come nel nostro caso (sistema binario) il Resto intero sarà 0 oppure 1. Se la base b vale 8 (sistema ottale) il Resto sarà un numero compreso fra 0 e 7 (0,1,2,3,4,5,6,7).

Il Numero binario ottenuto dalla divisione, e letto dal basso verso l'alto è: 1 0 1 1 0 1, che può notarsi, facendo la prova, coincidere con il numero binario avente come risultato **Ndecimale=45**.

Convenzione sulla logica di interpretazione dei valori binari

Esistono due tipi di logiche di interpretazione dei valori 1 e 0: la convenzione a **logica positiva** e la convenzione a **logica negativa** a seconda della convenzione di interpretazione da noi adottata.

Noi, in questo libro useremo la convenzione a *logica positiva*, ossia la convenzione per cui: Q=1 significa ACCESO e Q=0 significa SPENTO.

Od altrimenti: 1= Interruttore Chiuso, 0 = Interruttore Aperto; 1 = VERO, 0 = FALSO; od ancora 1 = LAVORA, 0 = NON LAVORA;.

La logica negativa è quella *duale* alla logica positiva, ossia Q=0 significa ACCESO e Q=1 significa SPENTO.

Od altrimenti: 0= Interruttore Chiuso, 1 = Interruttore Aperto; 0 = VERO, 1 = FALSO; od ancora 0 = LAVORA, 1 = NON LAVORA.

Cap. 2 Porte ed operatori logici

Algebra di Boole: La Somma logica OR

Si analizzi la seguente frase:

"Andrò allo stadio, a vedere la mia squadra giocare, se Compro il biglietto o se Ritrovo il mio abbonamento".

Le due condizioni per andare allo stadio, a vedere la propria squadra giocare, (evento: **Compro il biglietto** ed evento: **Ritrovo l'abbonamento**) possono essere associate, rispettivamente, a due variabili binarie A e B.

È sufficiente che si verifichi una soltanto delle condizioni (eventi) affinché si decida di andare allo stadio a vedere la propria squadra giocare. Se si verificano tutte e due le condizioni in contemporanea, ugualmente si andrà allo stadio.

Alla possibilità di: "**Andrò allo stadio a vedere la mia squadra giocare**" si può associare una variabile binaria Q detta *variabile dipendente* in quanto il suo stato (il suo valore) dipende da quello assunto dalle variabili A e B, queste ultime dette *variabili indipendenti*.

La situazione è quindi la seguente:

Andrò allo stadio a vedere la mia squadra giocare →	Q=1
Non Andrò allo stadio a vedere la mia squadra giocare →	Q=0
Compro il biglietto →	A=1
Non Compro il biglietto →	A=0
Ritrovo il mio abbonamento →	B=1
Non Ritrovo il mio abbonamento →	B=0

Si può, quindi, scrivere $Q=f(A,B)$ e, cioè: *lo stato della variabile indipendente Q* (ossia, valere 0 od 1) *è funzione* (cioè *dipende*) *degli stati assunti dalle variabili indipendenti A e B* (ossia, dipende da quali valori assumono A e B).

È lecito, quindi, costruire una Tabella di Verità in cui compaiono tutte le 4 configurazioni assunte dalle variabili indipendenti A e B.

A	B	Q
0	0	0
0	1	1
1	0	1
1	1	1

Notiamo, dalla precedente Tabella, che, se A vale 0 e B vale 0 significa che **Non compro il biglietto** e **Non Ritrovo l'abbonamento** per cui in tal caso: **Non Andrò allo stadio** a vedere la mia squadra giocare.
Quindi, Q vale 0.
Negli altri tre casi Q vale 1, ossia **Andrò allo stadio a vedere la mia squadra giocare**.

La Tabella di verità soddisfa alle condizioni:
0 + 0 =0; 0 + 1 =1; 1 + 0= 1; 1 + 1= 1.

E, si definisce Tabella di Verità della somma logica OR fra due variabili binarie A e B.

La somma logica, sopra definita, può essere messa sotto forma di eguaglianza nel modo seguente:

$$Q = A + B$$

Eguaglianza che si legge: Q = A OR B.

Le variabili binarie A e B sono detti **operandi** ed il simbolo + od OR è detto **operatore**.

Gli operatori OR, AND e NOT sono detti *operatori booleani* od operatori logici fondamentali.

Somma Logica OR

L'operatore di *Somma Logica* si chiama OR e, si indica comunemente anche con il segno **+** noto come **operatore logico OR**. (Il simbolo **+** normalmente si legge OR oppure più).
Il simbolo logico grafico utilizzato, dallo standard ANSI, per l'OR è mostrato nella figura seguente:

Fig. 1 Porta logica OR

Tale simbolo si chiama, anche, Porta logica OR oppure simbolo logico OR. In elettronica ed in informatica, per porta logica si intende un circuito elettronico molto semplice che ha il compito di eseguire una delle operazioni logiche booleane elementari quali NOT, AND, OR, XOR, NOR, NAND, XNOR.
Nella prossima figura mostriamo i due simboli generalmente utilizzati per la porta OR:

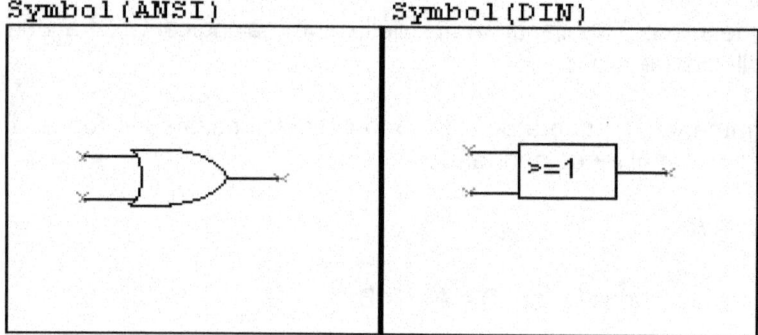

Fig. 2 I due simboli logici usati per la porta OR

Nella figura seguente mostriamo una porta OR avente due ingressi (od INPUT) che chiamiamo A e B ed una uscita (od OUTPUT) che chiamiamo Q.

A
B
Q

Fig. 3 Porta OR con ingressi ed uscita

$$Q = A + B$$

Tabella di verità dell'OR

La tabella di verità della porta OR avente due INPUT A e B ed un OUTPUT Q è data dalla seguente tabella:

	A	B	Q=A+B
0)	0	0	0
1)	0	1	1
2)	1	0	1
3)	1	1	1

Tab. 6 Tabella di verità dell'OR

Il significato della tabella, sopra mostrata, è il seguente: l'uscita **A+B** vale 0 <u>se e soltanto se</u> entrambe le variabili **A** e **B** valgono 0, altrimenti vale 1; infatti si ha: 0+0=0; 0+1=1; 1+0=1; 1+1=1.

Definizione informale di Somma logica
L'operazione di somma logica (OR) fra due (o <u>più</u>) variabili d'Ingresso binarie fornisce il valore logico 0 se e soltanto se tutte le variabile binarie valgono 0, altrimenti fornisce il valore logico 1.

Similitudine elettrica dell'OR

Nella figura seguente mostriamo il circuito elettrico che simula la porta OR avendo come INPUT l'*Interruttore* A e l'*Interruttore* B e come OUTPUT la *Lampadina* Q.

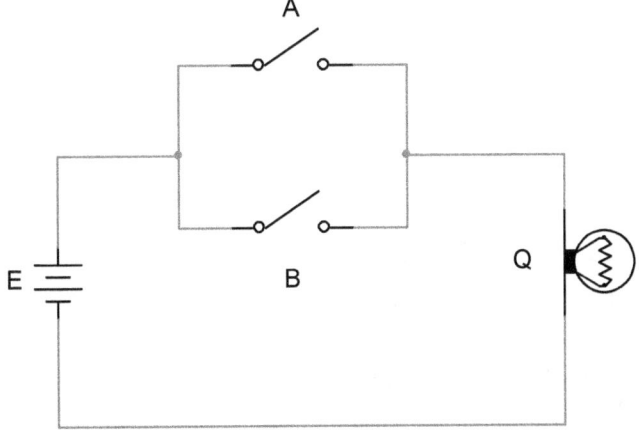

Fig. 4 Equivalente circuitale dell'OR

Nella figura precedente E rappresenta un generatore di tensione che può essere una pila, una batteria la quale fornisce una certa tensione al circuito elettrico. Quando A=1 e B=1 i due *Interruttori* (contatti) sono chiusi per cui la *Lampadina* Q è <u>accesa</u> essendovi la continuità circuitale, che permette lo scorrere corrente elettrica nel circuito, come si intuisce osservando la figura sopra mostrata.

Quando A=1 e B=0 avremo l'Interruttore A chiuso e B aperto ed ugualmente si ha che la Lampadina Q è <u>accesa</u> essendovi la continuità circuitale nel ramo superiore.

Quando A=0 e B=1 avremo l'Interruttore A aperto e B chiuso; perciò la Lampadina Q è <u>accesa</u> essendovi la continuità circuitale nel ramo inferiore.

Quando A=0 e B=0 avremo che entrambi gli *Interruttori* sono aperti; quindi, la Lampadina Q è <u>spenta</u> essendosi persa la continuità circuitale e, non può scorrere corrente nel circuito elettrico.

OR realizzato con relais e contatti

Quando A=0 e B=0 i due *Interruttori* sono aperti con conseguenza che la bobina del relais Q non si eccita non essendovi la continuità circuitale (sulla prima colonna di figura); la non eccitazione della bobina Q lascia aperto l'interruttore Q e quindi, non si accende la lampadina L.

Quando uno od entrambi gli *Interruttori* A e B sono chiusi la bobina del relais Q si eccita e l'interruttore Q si chiude con la conseguenza che lampadina L si accende.

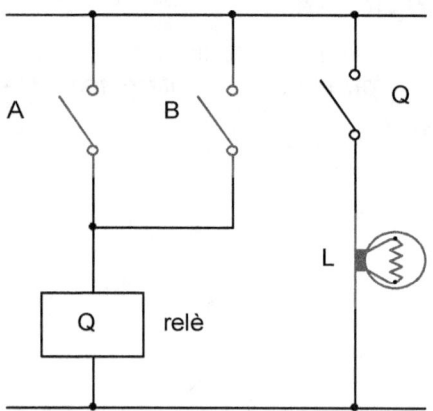

Fig. 5 OR realizzato con relais e contatti

Notare che nella porta OR gli interruttori (contatti) A e B sono collegati in **parallelo**.

Prodotto Logico AND

L'operatore di *Prodotto Logico* si chiama AND e si indica comunemente anche con il simbolo • **noto come operatore logico AND**. (Il simbolo • normalmente si legge AND oppure per).
Il simbolo logico grafico utilizzato per l'AND, dall'ANSI, è mostrato nella figura seguente:

Fig. 6 Porta AND

Tale simbolo si chiama anche Porta **AND**.

Nella prossima figura mostriamo i due simboli generalmente utilizzati per la porta AND:

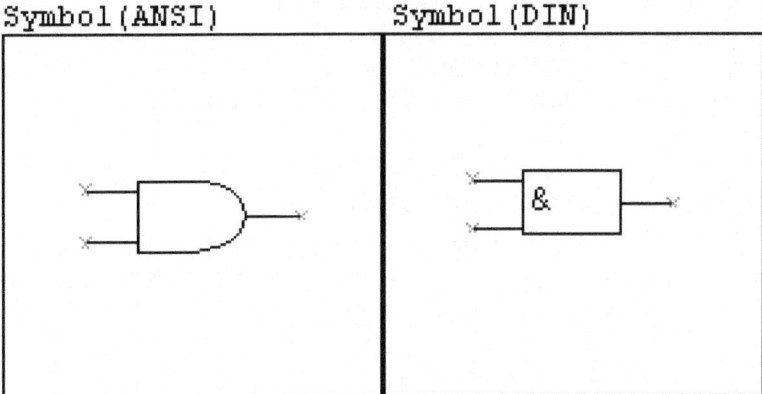

Fig. 7 I due simboli logici usati per la porta AND

Nella figura seguente mostriamo una porta AND avente due ingressi (od INPUT) che chiamiamo A e B ed un'uscita (od OUTPUT) che chiamiamo Q.

Fig. 8 Porta AND con 2 ingressi ed 1 uscita

$Q = A \bullet B$

Tabella di verità dell'AND

La tabella di verità della porta AND avente due INPUT A e B ed un OUTPUT Q è data dalla seguente tabella:

	A	B	Q
0)	0	0	0
1)	0	1	0
2)	1	0	0
3)	1	1	1

Tab. 7 Tabella di verità dell'AND

Il significato della tabella sopra mostrata è il seguente: L'uscita A•B vale 1 se e soltanto se entrambe le variabili A e B valgono 1, altrimenti vale 0; infatti si ha: Q= 0•0= 0; Q= 0•1= 0; Q= 1•0= 0; Q= 1•1= 1.

Definizione informale di Prodotto logico
L'operazione di prodotto logico (AND) fra due (o più) variabili di Ingresso binarie fornisce il valore logico 1 (Q=1) se e soltanto se tutte le variabile binarie d'Ingresso valgono 1, altrimenti fornisce il valore logico 0.

Similitudine elettrica dell'AND
Nella figura seguente mostriamo il circuito elettrico che simula la porta AND avendo come INPUT l'*Interruttore* A e l'*Interruttore* B e come OUTPUT la *Lampadina* Q.

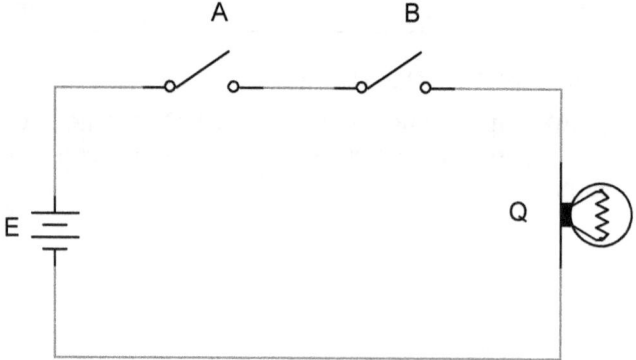

Fig. 9 Equivalente circuitale dell'AND

Quando A=1 e B=1 i due *Interruttori* sono chiusi e la *Lampadina* Q è accesa essendovi la continuità circuitale.

Quando uno od entrambi gli *Interruttori* sono aperti la Lampadina Q è spenta essendosi persa la continuità circuitale.
Notare che nella porta AND gli interruttori (contatti) A e B sono collegati in serie.

AND realizzato con relais e contatti

Quando il circuito è sottoposto a tensione (fra la linea superiore – *tensione alta* – ed inferiore – *tensione bassa* –) ed ha A=1 e B=1 i due *Interruttori* sono chiusi (collegamento in **serie**) con la conseguenza che: la bobina del relais Q si eccita, essendovi la continuità circuitale (sulla prima colonna di figura); l'eccitazione della bobina Q chiude l'interruttore Q, e quindi si accende la lampadina L.
Quando uno od entrambi gli *Interruttori* A e B sono aperti la bobina del relais Q non si eccita e l'interruttore Q rimane aperto con conseguente lampadina L spenta.

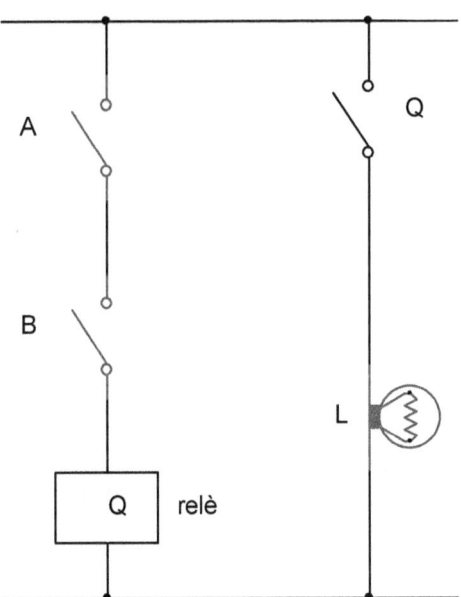

Fig. 10 AND con relais e contatti

Notare che, anche qui, abbiamo inserito un interruttore Q fuori dal relais (leggi relè) per simulare l'effetto Q=1 (interruttore chiuso) lampadina accesa oppure uscita Q=0 (interruttore aperto) per lampadina spenta.

Negazione NOT

L'operatore di *Negazione Logica* si chiama NOT e si indica comunemente anche con il segno ‾ noto come **operatore logico NOT** o **Negazione**. (Il simbolo ‾ normalmente si legge *negato*).
Il simbolo logico grafico utilizzato, dallo standard ANSI, per il NOT è il seguente:

Fig. 11 Porta NOT

Tale simbolo si chiama, anche, Porta **NOT**.
Nella prossima figura mostriamo i due simboli generalmente utilizzati per la porta NOT.

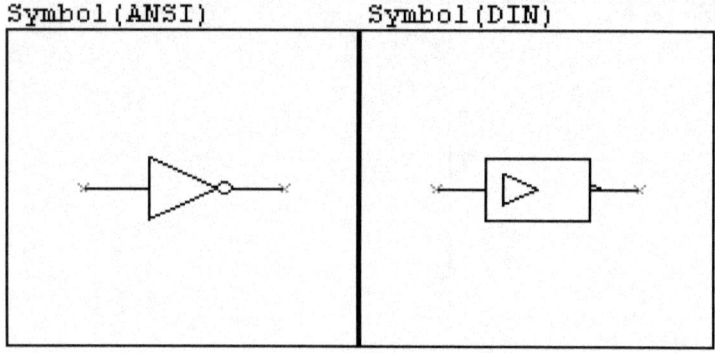

Fig. 12 I due simboli logici usati per la porta NOT

Nella figura seguente mostriamo una porta NOT avente un ingresso (od INPUT) che chiamiamo A ed un'uscita (od OUTPUT) che chiamiamo Q.

Fig. 13 Porta NOT con un ingresso ed una uscita

In formula si scrive: $Q = \overline{A}$.

E' usuale, anche, rappresentare il simbolo NOT: facendo seguire dal simbolo ○ (**pallino**) l'ingresso A.

A ————○———— $\overline{A}$

Tabella di verità del NOT

La tabella di verità della porta NOT, avente un solo INPUT A ed un OUTPUT Q, è data dalla seguente tabella:

	A	Q = $\overline{A}$
0)	0	1
1)	1	0

Tab. 8 Tabella di verità del NOT

Il significato della tabella, sopra mostrata, è il seguente: l'uscita Q vale 1 se A vale 0; Q vale 0 se A vale 1; infatti, si ha: NOT 0 =1 e NOT 1= 0.

Similitudine elettrica del NOT

Nella figura seguente mostriamo il circuito elettrico che simula il NOT avendo come INPUT l'*Interruttore* A e come OUTPUT la *Lampadina* Q.

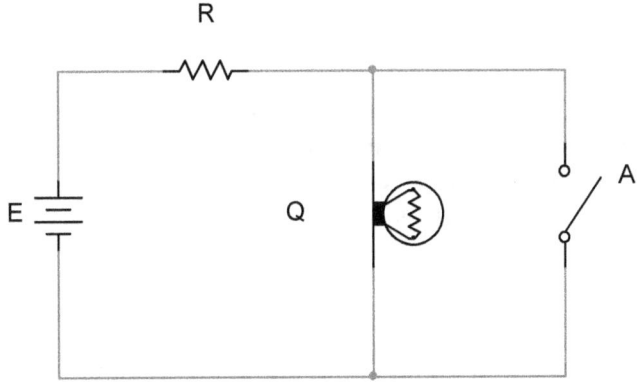

Fig. 14 Equivalente circuitale del NOT

Quando A=1 l'*Interruttore* è chiuso quindi, la *Lampadina* Q è spenta con Q=0 non essendovi differenza di potenziale ai suoi capi (Tensione ai capi di Q è uguale a zero). Quando A=0 l'Interruttore è aperto per cui la Lampadina Q è accesa (Q=1), come è il caso della figura precedente.

NOT realizzato con relais e contatti

Quando A=1 l'*Interruttore* è aperto, essendo A un Normalmente Chiuso; quindi, il relais Q non si eccita lasciando l'interruttore di autoritenuta Q aperto e la lampadina L non alimentata e, quindi spenta.
Quando A=0 l'interruttore è chiuso; quindi, il relais si eccita chiudendo l'Interruttore Q per cui la Lampadina L è alimentata, e quindi si accende.

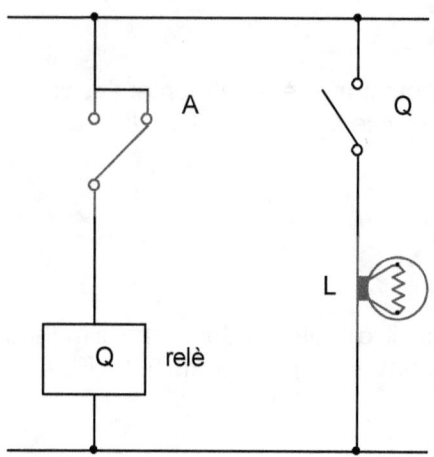

Fig. 15 NOT con relais e contatti

Osserviamo come nel circuito, sopra mostrato, è rispettata la tabella di verità del NOT che riscriviamo di seguito.
Per A=0 si ha Q=1, segnalata dalla lampadina L accesa; per A=1 si ha Q=0, segnalata dalla lampadina L spenta.

A	Q
0	1
1	0

Porta Logica NAND

La porta logica NAND è costituita da una porta AND seguita da una porta NOT (indicata con un pallino ○).
Il simbolo logico grafico utilizzato per il NAND, dall'ANSI, è mostrato nella figura seguente:

Fig. 16 Porta NAND

Tale simbolo logico si chiama anche Porta **NAND**.

Nella prossima figura mostriamo i due simboli generalmente utilizzati per la Porta NAND.

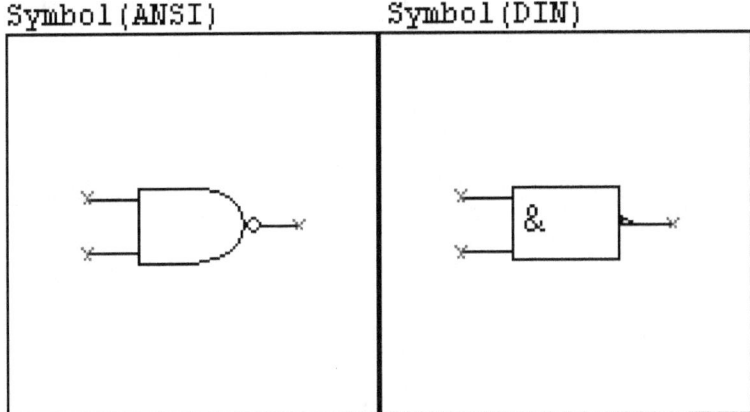

Fig. 17 I due simboli logici usati per la porta NAND

Nella figura seguente mostriamo una porta NAND avente due ingressi (od INPUT) che chiamiamo A e B ed un'uscita (od OUTPUT) che chiamiamo Q.

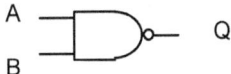

Fig. 18 Porta NAND con A e B ingressi ed uscita Q

$$Q = \overline{A \bullet B}$$

Eguaglianza che si legge: Q è uguale ad A NAND B.

Tabella di verità del NAND

La tabella di verità della porta NAND avente due INPUT A e B ed un OUTPUT Q è data dalla seguente tabella:

	A	B	Q
0)	0	0	1
1)	0	1	1
2)	1	0	1
3)	1	1	0

Tab. 9 Tabella di verità del NAND

Il significato della tabella sopra mostrata è il seguente.
L'uscita **A NAND B** (oppure A/B) vale 0 <u>se e soltanto se</u> entrambe le variabili **A** e **B** valgono 1, altrimenti vale 1.
Infatti, si ha dalla tabella che 0 NAND 0 = 1, 0 NAND 1 = 1, 1 NAND 0 = 1 e 1 NAND 1 = 0.
Notiamo, dalla tabella di verità, che l'operatore NAND rappresenta il complemento dell'operatore AND.
Adottando la convenzione a logica positiva, che fa corrispondere all'1 il valore Vero ed allo 0 il valore Falso, si può scrivere la tabella di verità del NAND (come di tutte le altre porte logiche) anche nel seguente modo:

	A	B	Q=A NAND B
0)	Falso	Falso	Vero
1)	Falso	Vero	Vero
2)	Vero	Falso	Vero
3)	Vero	Vero	Falso

Tab. 10 Tabella verità NAND con valori Vero Falso

In informatica si suole tradurre Falso con il termine inglese False (abbreviato in **F**) ed il termine Vero con il termine inglese True (**T**).

È usuale, quindi, trovare la tabella di verità precedente scritta anche nel seguente modo:

A	B	Q
F	F	T
F	T	T
T	F	T
T	T	F

Tab. 11 Tabella verità NAND con valori True e False

NAND realizzato con relais e contatti

Quando A=1 e B=1 i due *Interruttori* sono chiusi (collegamento in **serie**) con la conseguenza che la bobina del relais R si eccita ed apre l'interruttore R (Normalmente Chiuso) e, conseguente perdita di continuità circuitale, come visibile sulla seconda colonna della figura successiva. La non eccitazione della Bobina del relais Q implica Q=0;

Negli altri tre casi, in cui la bobina del Relais R è diseccitata R=0, si ha che la bobina Q è eccitata implicando Q=1.

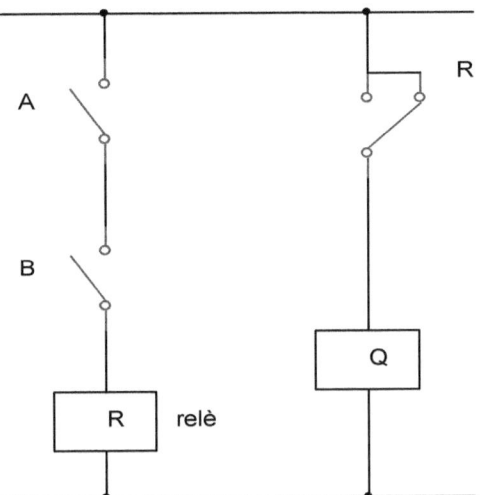

Fig. 19 NAND realizzato con relais e contatti

Nel circuito della figura precedente si ha:

$$Q = \overline{R}$$

$$R = A \bullet B$$

Sostituendo nella prima equazione ad R il valore avente nel secondo membro della seconda equazione avremo:

$$Q = \overline{R} = \overline{A \bullet B}$$

Questa espressione si legge: Q è uguale ad A NAND B.

Porta Logica NOR

La porta logica NOR è costituita da una porta OR seguita da una porta NOT (indicato con un pallino ○).
Il simbolo logico grafico utilizzato per il NAND, dall'ANSI, è mostrato nella figura seguente:

Fig. 20 Porta NOR

Tale simbolo logico si chiama anche Porta **NOR**.
Nella prossima figura mostriamo i due simboli generalmente utilizzati per la porta NOR:

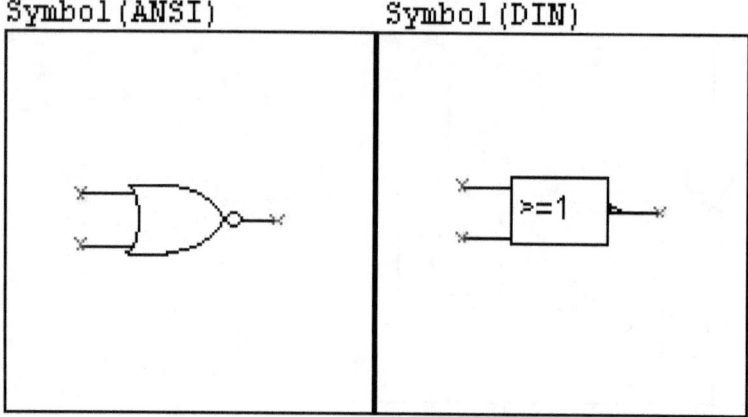

Fig. 21 I due simboli logici usati per la porta NOR

Nella figura seguente mostriamo una porta NOR avente due ingressi (od INPUT) che chiamiamo A e B ed un'uscita (od OUTPUT) che chiamiamo Q.

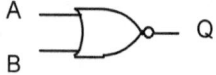

Fig. 22 Porta NOR con A e B ingressi ed uscita Q

$$Q = \overline{A + B}$$

Nota. È la somma ad essere negata non le singole variabili A e B.

Tabella di verità del NOR

La tabella di verità della porta NOR avente due INPUT A e B ed un OUTPUT Q è data dalla seguente tabella:

	A	B	Q
0)	0	0	1
1)	0	1	0
2)	1	0	0
3)	1	1	0

Tab. 12 Tabella di verità del NOR

Il significato della tabella sopra mostrata è il seguente.
L'uscita **A NOR B** vale 1 se e soltanto se entrambe le variabili **A** e **B** valgono 0, altrimenti vale 0.
Infatti, si ha: 0 NOR 0 = 1; 0 NOR 1=0; 1 NOR 0 = 0; 1 NOR 1 = 0.

Notiamo dalla tabella di verità che: l'operatore NOR rappresenta il complemento dell'operatore OR (ossia, NOR = NOT OR).

Il simbolo utilizzato per l'operatore NOR nell'algebra booleana è: $\downarrow$.

Riscriviamo la tabella di verità utilizzando il valore Vero al posto dell'1 ed il valore Falso al posto dello 0.

A	B	Q=A$\downarrow$B
F	F	T
F	T	F
T	F	F
T	T	F

Tab. 13 Tabella di verità del NOR con valori True e False

Quanto scritto è soltanto un altro modo equivalente di scrivere le tabelle di verità, dipendente, soltanto, dalla convenzione che si è scelta nell'attribuire un significato alle variabili binarie di Ingresso e di Uscita.

NOR realizzato con relais e contatti

Quando A=0 e B=0 i due *Interruttori* sono chiusi (collegamento in **parallelo**) con conseguenza che la bobina del relais R non si eccita lasciando l'interruttore R chiuso (Normalmente Chiuso) con conseguente continuità circuitale sulla seconda colonna della figura seguente ed eccitazione del relais Q; l'eccitazione della Bobina del relais Q implica Q=1.

Negli altri tre casi in cui il Relais R è eccitato R=1 e la bobina Q è diseccitata avremo che l'uscita Q=0.

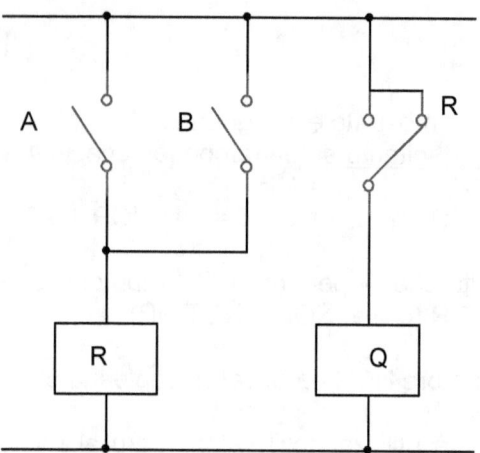

Fig. 23 NOR realizzato con relais e contatti

Nel circuito della figura precedente si ha:

$$Q = \overline{R}$$
$$R = A + B$$

Sostituendo nella prima equazione ad R il suo valore a secondo membro della seconda equazione avremo:

$$Q = \overline{R} = \overline{A + B}$$

Quest'ultima espressione si legge: <u>Q è uguale ad A NOR B</u>.

Porta Logica XOR o EXOR

Il simbolo logico grafico utilizzato per lo XOR (detto anche OR esclusivo e quindi acronimo di e**X**clusive **OR** oppure somma modulo 2) dall'ANSI è mostrato nella figura seguente:

Fig. 24 Porta logica XOR

Nella prossima figura mostriamo i due simboli generalmente utilizzati per la porta XOR.

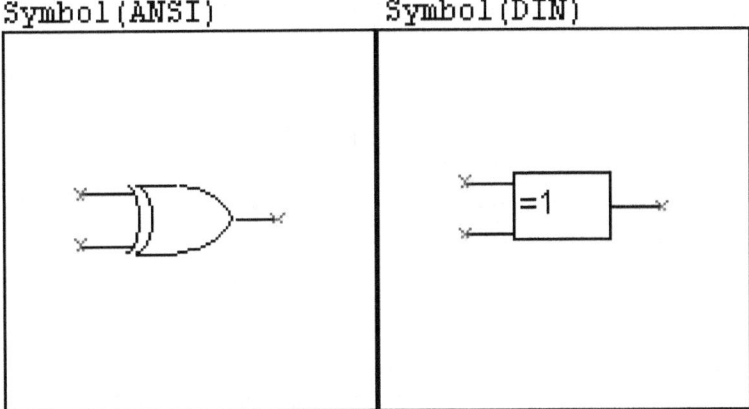

Fig. 25 I due simboli logici usati per la porta XOR

Nella figura seguente mostriamo una porta XOR avente due ingressi (od INPUT) che, al solito, chiamiamo A e B ed un'uscita (od OUTPUT) che chiamiamo Q.

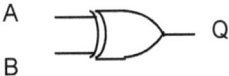

Fig. 26 Porta XOR con A e B ingressi ed uscita Q

$$Q = A \oplus B$$

Eguaglianza che si legge: Q è uguale ad A XOR B.

Tabella di verità dello XOR

La tabella di verità della porta XOR avente due INPUT A e B ed un OUTPUT Q è data dalla seguente tabella:

	A	B	Q
0)	0	0	0
1)	0	1	1
2)	1	0	1
3)	1	1	0

Tab. 14 Tabella di verità dello XOR

Il significato della tabella sopra mostrata è il seguente.
L'uscita **Q = A XOR B** vale 1 <u>se e soltanto se</u> entrambe le variabili **A** e **B** hanno valori diversi, altrimenti vale 0.
Infatti, si ha: 0 XOR 0=0; 0 XOR 1=1; 1 XOR 0=1; 1 XOR 1= 0.

Dalla tabella dello XOR si ricava che l'uscita di una porta XOR fra due variabili A e B vale: $Q = \overline{A} \bullet B + A \bullet \overline{B}$
Il simbolo generalmente usato per l'operatore XOR è $\oplus$.

Per cui, l'eguaglianza precedente diventa: $Q = A \oplus B$.
L'operatore XOR (detto, anche, OR esclusivo o somma modulo 2) nella sua versione a due letterali restituisce il valore 1 (vero) se e solo se uno solo dei due operandi è 1, mentre restituisce il valore 0 (falso) in tutti gli altri casi.
Notiamo, quindi, che lo XOR è un **operatore di disuguaglianza**.

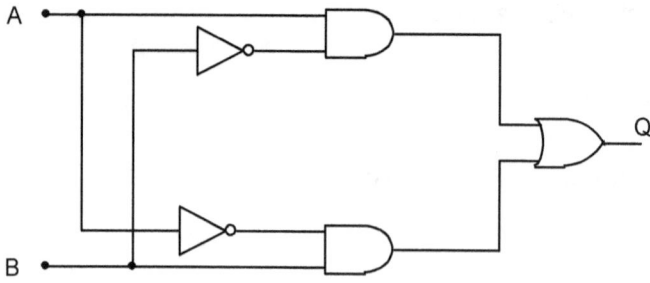

Fig. 27 Circuito logico con porte fondamentali dello XOR

XOR realizzato con relais e contatti

Quando A=1 e B=0 i due *Interruttori* (contatti) nel primo ramo, della figura seguente, sono chiusi (collegamento in **serie**) e quelli del secondo ramo risultano entrambi aperti con la conseguenza che la bobina del relais si eccita e chiude il contatto di autoritenuta Q il quale, quindi, va ad 1 ed accende la lampadina.

Quando A=0 e B=1 si chiudono i contatti del secondo ramo e si aprono quelli del primo ramo con la conseguenza che il relais si eccita e chiude il contatto di autoritenuta Q che quindi va ad 1 ed accende la lampadina.

Negli altri due casi A=0 B=0 e A=1, B=1 non si ha continuità circuitale nei due rami e, quindi, il relais non si eccita e non chiude il contatto Q che sta a 0, lasciando spenta la lampadina.

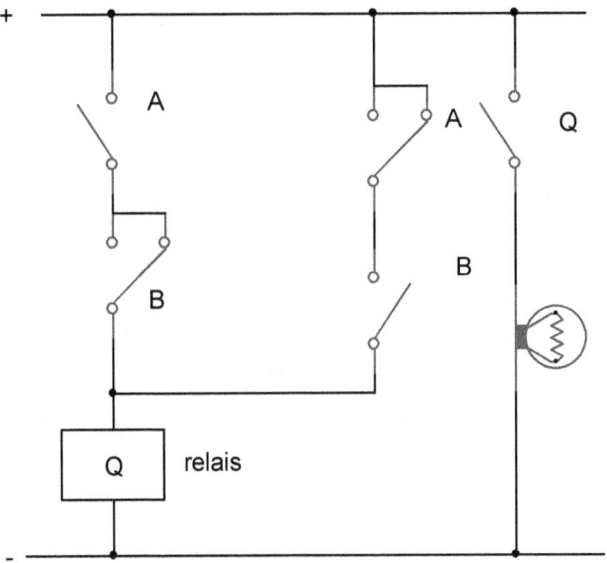

Fig. 28 XOR realizzato con relais e contatti

Porta Logica XNOR o EXNOR

La porta logica XNOR è costituita dalla porta logica XOR seguita dalla porta logica NOT.
Il simbolo logico grafico utilizzato per il NAND, dall'ANSI, è mostrato nella figura seguente:

Fig. 29 Porta logica XNOR

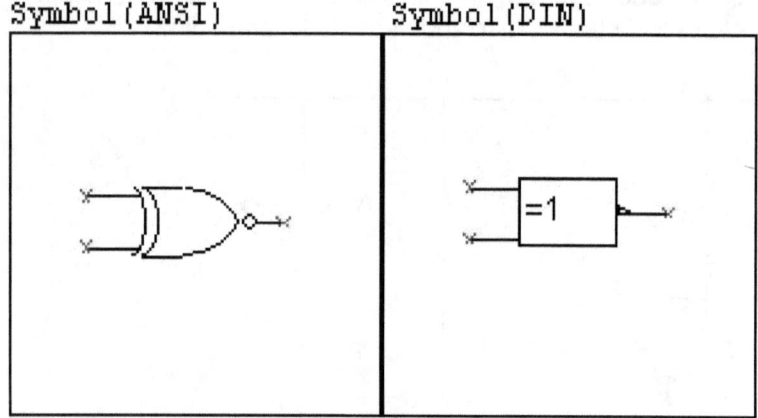

Fig. 30 I due simboli logici usati per la porta XNOR

Nella figura seguente mostriamo una porta XNOR o EXNOR avente due ingressi (od INPUT) che chiamiamo A e B ed un'uscita (od OUTPUT) che chiamiamo Q.

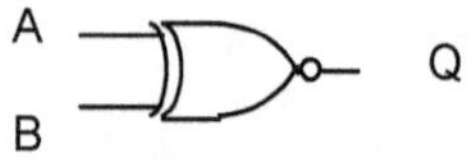

A
B
Q

Fig. 31 Porta XNOR con A e B ingressi ed uscita Q

$$Q = A \equiv B$$

Eguaglianza che si legge: Q è uguale ad A XNOR B

Tabella di verità dello XNOR

La tabella di verità della porta XNOR, avente due INPUT A e B ed un OUTPUT Q, è data dalla seguente tabella:

	A	B	Q
0)	0	0	1
1)	0	1	0
2)	1	0	0
3)	1	1	1

Tab. 15 Tabella di verità dello XNOR

Il significato della tabella, sopra mostrata, è il seguente.
L'uscita **Q = A XNOR B** vale 1 se e soltanto se entrambe le variabili **A** e **B** hanno valori uguali, altrimenti vale 0.
Infatti, si ha: 0 XNOR 0 =1; 0 XNOR 1 = 0; 1 XNOR 0 = 0;
1 XNOR 1 = 1.
Dalla tabella dello XNOR si ricava che l'uscita di una porta XNOR
fra due variabili A e B vale: $Q = \overline{A} \bullet \overline{B} + A \bullet B$
Il simbolo usato per l'operatore XNOR è $\equiv$ (detto equivalenza).
L'uguaglianza precedente diventa: $Q = A \equiv B$
L'operatore XNOR, applicato a due variabili binarie, come si può notare dalla tabella di verità, realizza la negazione del risultato dell'operazione XOR.
Notiamo, quindi, che lo XNOR è un **operatore di equivalenza**.

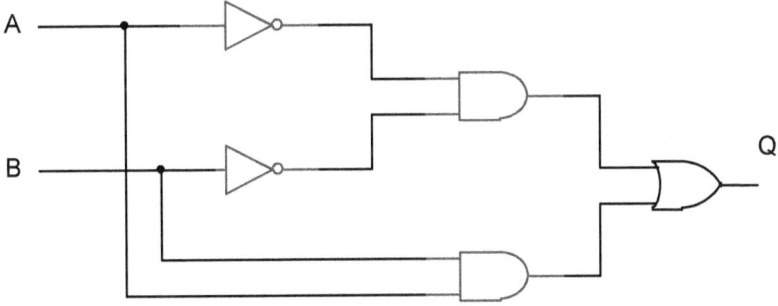

Fig. 32 Circuito logico con porte fondamentali dello XNOR

XNOR realizzato con relais e contatti

Quando A=1 e B=1 i due *Interruttori* (contatti) nel primo ramo, della figura seguente, sono chiusi (collegamento in **serie**) e quelli del secondo ramo risultano entrambi aperti, con la conseguenza che, la bobina del relais si eccita e chiude il contatto di autoritenuta Q il quale, quindi, va ad 1 ed accende la lampadina.

Quando A=0 e B=0 restano chiusi i contatti del secondo ramo e restano aperti quelli del primo ramo, con la conseguenza che, il relais si eccita e chiude il contatto di autoritenuta Q che, quindi, va ad 1 ed accende la lampadina.

Negli altri due casi A=0 B=1 e A=1, B=0 non si ha continuità circuitale nei due rami e, quindi, il relais non si eccita e non chiude Q che sta a 0, lasciando spenta la lampadina.

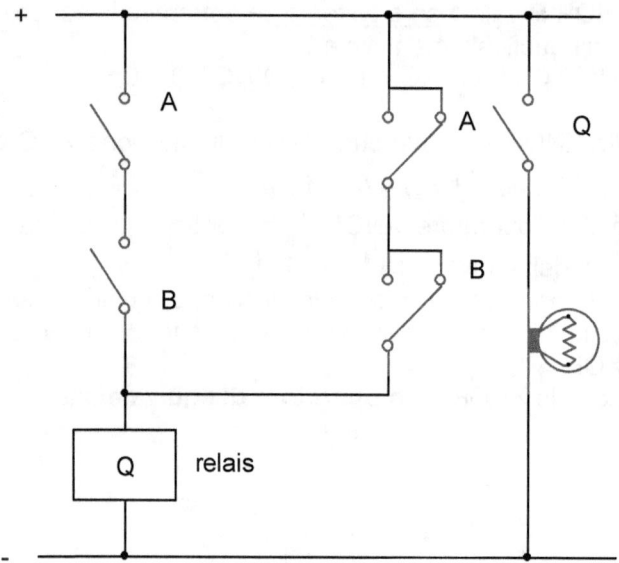

Fig. 33 XNOR realizzato con relais e contatti

Cap. 3 Circuiti combinatori e Mappe di Karnaugh

Definizione di funzione booleana

Una *funzione booleana* è una variabile di uscita Q che dipende da un certo numero n di variabili booleane di Ingresso (A,B,C,D, ..) combinate fra loro con gli operatori logici AND, OR e NOT.

Questi tre operatori logici sono sufficienti per descrivere i circuiti combinatori, ossia tutti i circuiti in cui si ipotizza assente la variabile tempo in relazione fra gli ingressi e l'uscita (o le uscite).

Definizione di Circuito Combinatorio

Si definisce Circuito Combinatorio una rete, (formata in genere da un certo numero di porte AND, OR e NOT (ed altre)), le cui Uscite dipendono <u>unicamente</u> dal valore degli Ingressi A,B,C ...cioè, un circuito in cui non ha importanza la variabile tempo o per meglio dire non vi è influenza dello stato logico (vero, falso) assunto, in un tempo precedente, né dagli Ingressi né dalle Uscite.

Rappresentiamo nella figura seguente il *Circuito Combinatorio* con una Scatola chiusa (per adesso non ha importanza quel che contiene la scatola), gli Ingressi A,B,C ... con delle frecce collocate a sinistra della scatola e l'uscita Q con una freccia collocata a destra della scatola (in genere le frecce non si mettono).

Fig. 34 Circuito Combinatorio come scatola nera

La scatola rappresentante il circuito combinatorio può contenere porte logiche AND, OR e NOT (ed altre porte) che legano gli ingressi e l'uscita come nella seguente figura mostrato:

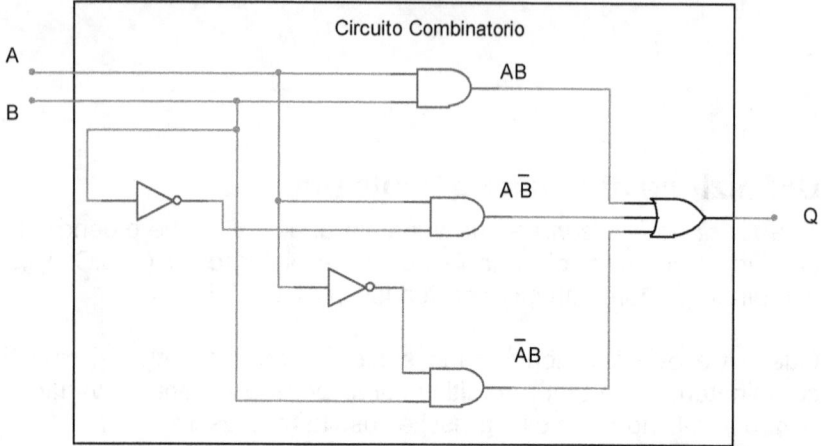

Fig. 35 Esempio concreto di circuito combinatorio con porte AND, OR e NOT

Esempio circuitale di funzione Booleana a due variabili A, B

Un esempio di funzione booleana Q in funzione delle variabili di ingresso binarie A e B è la seguente:

$$Q = A \bullet B + A \bullet \overline{B} + \overline{A} \bullet B$$

Questa funzione si può trasformare in un circuito combinatorio usando le porte AND, OR e NOT.
Il primo termine A•B (A AND B) richiede una porta AND a due ingressi A, e B; il secondo termine richiede una porta AND ed una porta NOT ed il terzo termine richiede una porta AND ed una porta NOT. Questi tre termini si mettono in OR (+) fra loro per dare luogo alla Uscita Q.

Vedremo che la funzione Q può, anche, essere espressa come circuito combinatorio usando soltanto porte NAND oppure porte NOR.

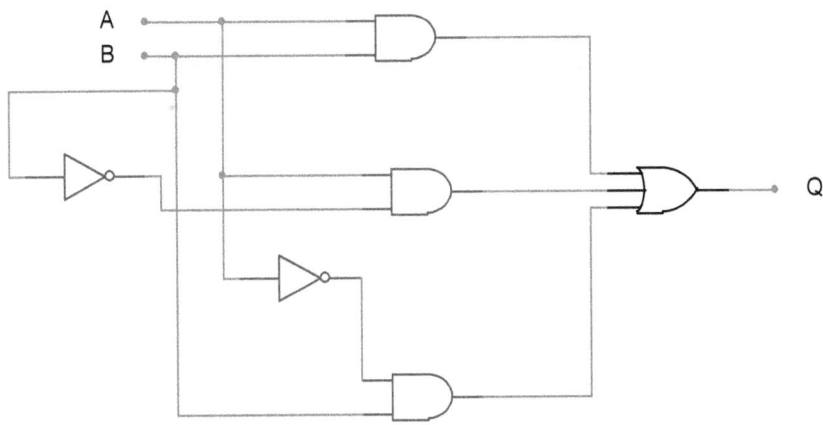

Fig. 36 Circuito logico OR di AND di $Q = A \bullet B + A \bullet \overline{B} + \overline{A} \bullet B$

Se abbiamo un termine del tipo $A \bullet \overline{B}$, affinché l'AND dia come risultato 1, si deve verificare il caso che A=1 e B=0, in quanto 0 negato per B mi dà 1, ed 1 AND 1 dà 1.

Quindi, la scrittura $Q = A \bullet B + A \bullet \overline{B} + \overline{A} \bullet B$ significa che la funzione Q vale 1 quando A=1 e B=1 *oppure* quando A=1 e B=0 *oppure* quando A=0 e B=1.
(Notare come traduciamo l'AND con e l'OR con *oppure*; si immagina, anche, che derivi da una tabella di verità avente tre righe in cui la Q vale 1).

A volte la funzione Q può semplificarsi al massimo; ossia, si può rendere minima sia la funzione Q sia la sua rappresentazione circuitale.
Si intuisce che: minimizzando la funzione saranno richieste un minor numero di porte AND, OR e NOT per svolgere lo stesso compito della funzione non minimizzata.

La minimizzazione della funzione Q si effettua attraverso l'uso delle Mappe di Karnaugh.

Anticipiamo che un gruppo di n variabili di Ingresso A,B,C,D ..., con n pari al massimo numero di variabili di Ingresso, della funzione di Uscita Q, in AND fra loro sia che ciascuna variabile di Ingresso si presenti in forma negata od in forma non negata, si chiama *mintermine*.

Implementazione delle funzioni booleane

Come gia detto, la rappresentazione di una funzione booleana come somma fino a 2^N prodotti conduce direttamente ad una possibile implementazione di una funzione booleana.

Consideriamo come esempio la tabella di verità per una funzione Q di maggioranza degli 1 contenuti fra tre variabili di INPUT A, B, C.

A	B	C	Q
0	0	0	0
0	0	1	0
0	1	0	0
0	1	1	1
1	0	0	0
1	0	1	1
1	1	0	1
1	1	1	1

Tab. 16 Tabella di verità della funzione di Maggioranza

La Q vale 1 quando si ha una maggioranza di 1, nelle righe della tabella, fra le tre variabili A, B e C altrimenti vale 0.
Scriviamo la funzione booleana, in corrispondenza dei valori 1 della Q, come somma di prodotti; cioè, come OR di AND.

$$Q = \overline{A} \bullet B \bullet C + A \bullet \overline{B} \bullet C + A \bullet B \bullet \overline{C} + A \bullet B \bullet C$$

Il circuito contiene 4 porte AND (una porta per ogni termine dell'eguaglianza precedente) cioè una porta AND per ogni riga della tabella di verità che ha il bit 1 nella colonna Q dei risultati.
Ogni porta AND calcola una riga della tabella di verità come risultato. Contiene, inoltre, 3 porte NOT (tante porte NOT per quanti sono i letterali negati nell'eguaglianza) ed una porta OR per far convergere tutti i risultati delle porte AND.

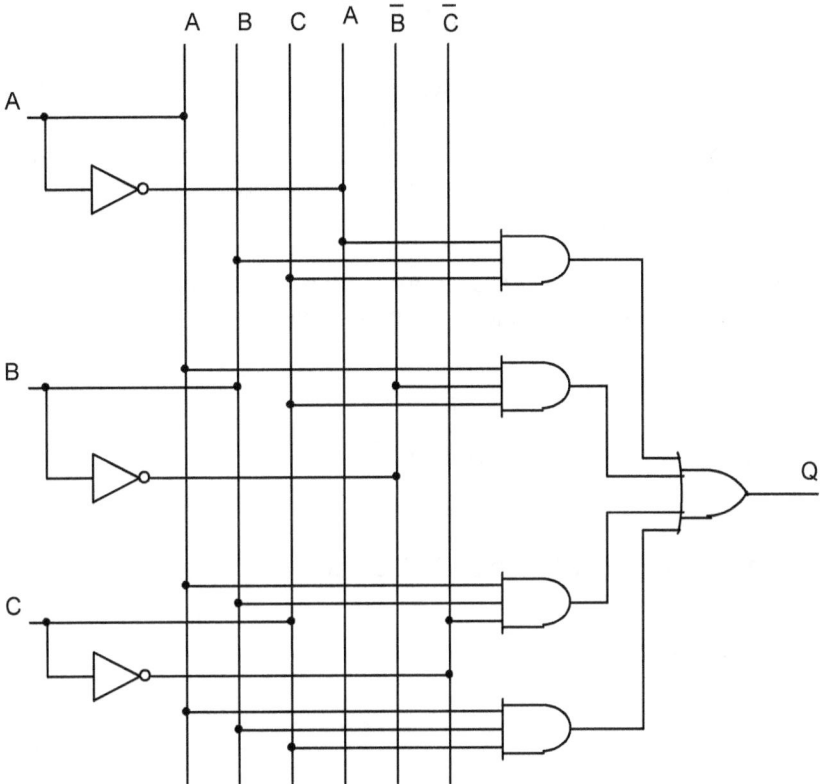

Fig. 37 Circuito logico della funzione di Maggioranza

Quindi, per tradurre una funzione booleana in un circuito logico, necessita:

a) Scrivere la tabella di verità per la funzione Q;
b) Fornire le porte NOT per ogni Ingresso che compare negato;
c) Inserire una porta AND per ogni riga della tabella di verità che ha 1 nella colonna di Q;
d) Collegare le porte AND agli Ingressi appropriati;
e) Portare tutte le Uscite delle porte AND in una porta OR.

NAND e NOR come porte fondamentali

Finora abbiamo visto che, attraverso le funzioni AND, OR e NOT, si possono implementare tutte le funzioni booleane.
Mostreremo adesso come, usando un solo tipo di porta — soltanto la porta NAND oppure soltanto la porta NOR —, si possano implementare le funzioni booleane.
A tal fine, tratteremo di come si ottiene una porta NOT, AND e OR dall'uso di sole porte NAND oppure di sole porte NOR. Per ciò si utilizzerà il primo e secondo teorema dell'idempotenza:

$A \bullet A = A$
$A + A = A$

il teorema della doppia negazione:

$\overline{\overline{A}} = A$

il primo e secondo teorema di De Morgan:

$\overline{A \bullet B} = \overline{A} + \overline{B}$
$\overline{A + B} = \overline{A} \bullet \overline{B}$

Porta NOT

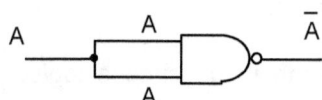

Applicando il primo teorema dell'idempotenza otteniamo:
$\overline{A \bullet A} = \overline{A}$ (che si legge NAND A uguale A negato).

Ossia, si realizza il NOT con una sola porta NAND.

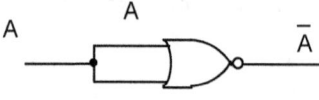

Applicando il secondo teorema dell'idempotenza otteniamo:
$\overline{A + A} = \overline{A}$ (che si legge: NOR A = A negato).

Ossia, si realizza il NOT con una sola porta NOR.

Porta AND

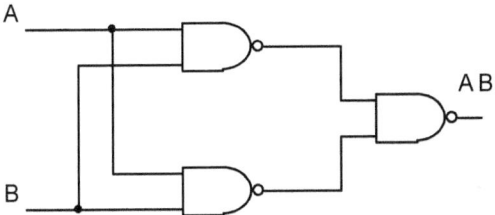

Applicando il primo teorema dell'idempotenza ed il teorema della doppia negazione si ottiene per il circuito logico precedente:

$$\overline{(\overline{A \bullet B}) \bullet (\overline{A \bullet B})} = \overline{\overline{A \bullet B}} = A \bullet B$$

Ossia, si realizza l'AND con tre porte NAND (uso di un solo tipo di porta logica).

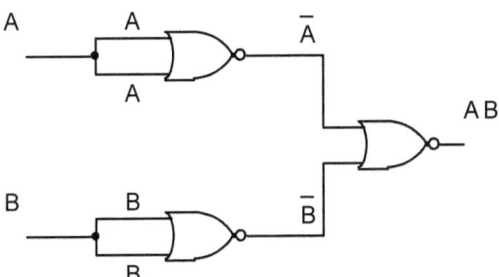

Applicando il secondo teorema dell'idempotenza ed il primo teorema di De Morgan: $\overline{A \bullet B} = \overline{A} + \overline{B}$ (nella forma: negando primo e secondo membro $\overline{\overline{A \bullet B}} = \overline{\overline{A} + \overline{B}} = A \bullet B$)

otteniamo per il circuito logico precedente:

$$\overline{(\overline{A + A}) + (\overline{B + B})} = \overline{\overline{A} + \overline{B}} = A \bullet B$$

Ossia, si realizza l'AND con tre porte NOR (uso di un solo tipo di porta logica).

Porta OR

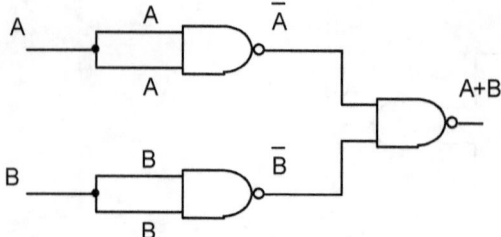

Applicando il primo teorema dell'idempotenza ed il secondo teorema di De Morgan nella forma $A + B = \overline{\overline{A} \bullet \overline{B}}$ otteniamo per il circuito logico precedente:

$$\overline{(\overline{A \bullet A}) \bullet (\overline{B \bullet B})} = \overline{\overline{A} \bullet \overline{B}} = A + B$$

Ossia, si realizza l'OR con tre porte NAND.

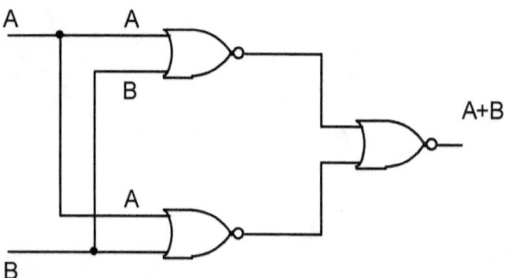

Applicando il secondo teorema dell'idempotenza ed il teorema della doppia negazione otteniamo per il circuito logico precedente:

$$\overline{(\overline{A + B}) + (\overline{A + B})} = \overline{\overline{(A + B)}} = A + B$$

Ossia, si realizza l'OR con tre porte NOR.

$\overline{A \bullet B} = \overline{A} + \overline{B}$ → Negando primo e secondo membro:

$\overline{\overline{A + B}} = \overline{A} \bullet \overline{B}$ → Negando primo e secondo membro:

$A + B = \overline{\overline{A} \bullet \overline{B}}$

Simboli alternativi per alcune porte logiche

Per la porta **NAND** possiamo usare un simbolo alternativo costituito da due porte NOT e da una porta OR, come mostrato nella figura seguente:

Porta NAND   Simbolo alternativo per una porta NAND

Quanto visto è un'applicazione del primo teorema di De Morgan

$$\overline{A \bullet B} = \overline{A} + \overline{B}$$

In genere, al posto delle porte NOT, nello schema, si utilizza un pallino (che indica inversione o negazione della variabile che lo precede) prima delle porte OR.

Anche per la porta **NOR** possiamo usare un simbolo alternativo costituito da due porte NOT e da una porta AND, come mostrato nella figura seguente:

Porta NOR   Simbolo alternativo per una porta NOR

Quanto visto è un'applicazione del secondo teorema di De Morgan

$$\overline{A + B} = \overline{A} \bullet \overline{B}$$

Anche qui, in genere, al posto delle porte NOT, nello schema, si utilizza un pallino (che indica inversione della variabile che lo precede) prima delle porte AND.

Per la porta **AND** possiamo usare un simbolo alternativo costituito da due porte NOT e da una porta NOR, come mostrato nella figura seguente:

Porta AND   Simbolo alternativo per una porta AND

Quanto visto è un'applicazione, del primo teorema di De Morgan $\overline{A \bullet B} = \overline{A} + \overline{B}$, in cui si è negato primo e secondo membro dell'eguaglianza ottenendo: $\overline{\overline{A \bullet B}} = \overline{\overline{A} + \overline{B}} = A \bullet B$

Anche qui, in genere, al posto delle porte NOT nello schema si utilizza un pallino (che indica inversione della variabile che lo precede) prima delle porte NOR.

Per la porta **OR** possiamo usare un simbolo alternativo costituito da due NOT e da una porta NAND come mostrato nella figura seguente:

Porta OR   Simbolo alternativo per una porta OR

Quanto visto è un'applicazione, del secondo teorema di De Morgan $\overline{A + B} = \overline{A} \bullet \overline{B}$, in cui si è negato primo e secondo membro dell'eguaglianza ottenendo: $A + B = \overline{\overline{A} \bullet \overline{B}}$

Anche qui, in genere, al posto delle porte NOT nello schema si utilizza un pallino (che indica inversione della variabile che lo precede) prima delle porte NAND (un pallino per ogni ingresso).

Primo metodo per ricavare la Tabella di Verità di una data funzione Q

Supponiamo di trovarci di fronte al problema seguente: data la funzione booleana di Uscita Q, ricavare la corrispondente Tabella di Verità.

Un primo metodo per risolvere questo problema è il seguente:

- Si identifica il numero N di variabili di Ingresso della funzione Q;
- Pensiamo la funzione booleana di uscita Q come formata dalla somma logica di m termini qi, ossia:
  $$Q = q1 + q2 + q3 + ... + qm \; ;$$
- Si scrive una tabella formata da 2^N righe (tante righe quante sono le combinazioni delle variabili d'Ingresso) contenente come colonne le variabili A, B, C.., i termini q1, q2,...,qm;
- Si effettuano le operazioni AND (bit a bit), per ognuna delle 2^N righe, per ricavare i termini parziali che compongono la Q, ossia ricavare q1, q2, q3,...,qm;
- Si effettua, nell'ultima colonna della tabella, l'OR fra tutti i termini parziali qi (per i che varia da 1 fino ad m) ottenendo l'Uscita Q;
- Si riscrive la Tabella di Verità, contenente le 2^N righe, con tutti gli ingressi A, B, C, ... e, soltanto la Q ottenuta al punto precedente.

Esempio: Metodo per ricavare la Tabella di Verità di una funzione booleana Q

Ricavare, applicando il metodo precedente, la Tabella di Verità della seguente funzione booleana di Uscita:

$$Q = A \bullet B + B \bullet D + A \bullet \overline{C} \bullet \overline{D}$$

Notiamo che: le variabili binarie che compongono la Q sono A, B, C e D, per cui $N=4$; i termini che compongono la Q sono tre quindi, m=3, e precisamente $q1 = A \bullet B$, $q2 = B \bullet D$, $q3 = A \bullet \overline{C} \bullet \overline{D}$.

A	B	C	D	$A \bullet B$	$B \bullet D$	$A \bullet \overline{C} \bullet \overline{D}$	$Q = q1 + q2 + q3$
0	0	0	0	0	0	0	0
0	0	0	1	0	0	0	0
0	0	1	0	0	0	0	0
0	0	1	1	0	0	0	0
0	1	0	0	0	0	0	0
0	1	0	1	0	1	0	1
0	1	1	0	0	0	0	0
0	1	1	1	0	1	0	1
1	0	0	0	0	0	1	1
1	0	0	1	0	0	0	0
1	0	1	0	0	0	0	0
1	0	1	1	0	0	0	0
1	1	0	0	1	0	1	1
1	1	0	1	1	1	0	1
1	1	1	0	1	0	0	1
1	1	1	1	1	1	0	1

Tab. 17 Costruzione della Tabella di Verità della Q come OR fra i suoi termini

Nella colonna $A \bullet B$ abbiamo fatto l'AND bit a bit (per singola riga) fra le colonne delle variabili A e B. Idem per le altre due colonne. Nella colonna dell'uscita Q abbiamo fatto l'OR fra le tre colonne precedenti, ricavate con l'AND bit a bit.

Definizione di Mintermine

Considerata una qualunque riga della tabella di verità in cui la funzione booleana di uscita Q vale 1 o vale 0, si definisce *mintermine* il prodotto logico delle N variabili booleane di ingresso A, B, C, D,.. relative a tale riga, prese in forma diretta o complementata (negata) a seconda che queste variabili assumono rispettivamente il valore 1 oppure 0.

Esempio

Consideriamo la riga 13 mostrata nella tabella di seguito:

	A	B	C	D	Q
.	.	.	.	.	.
13)	1	1	0	1	1
.	.	.	.	.	.

Tab. 18 Mintermine m13

Il mintermine in questione, che indicheremo con m13, in base alla definizione data, è il seguente: $m_{13} = A \bullet B \bullet \overline{C} \bullet D$

Si noti che la configurazione 1101 tradotta come numero decimale dà 13, ossia il numero che abbiamo assegnato alla riga della tabella di verità ed al pedice del mintermine.

Utilizzo

Dalla tabella di verità di una funzione Q=f(A,B,C,D,E, ...) di N variabili di Ingresso e dalla definizione di mintermine, si deduce che la funzione Q può essere scritta come somma dei mintermini corrispondenti a quelle righe in cui la Q vale 1.
Se si è interessati, quanto detto può essere dimostrato attraverso il teorema di Shannon.
I mintermini si usano quando si considererà la funzione di uscita Q come Somma di Prodotti (S. P.), ossia OR di AND.

Definizione di Maxtermine

Considerata una qualunque riga della tabella di verità in cui la funzione booleana di uscita Q vale 0 oppure 1, si definisce *Maxtermine* la somma logica delle variabili booleane di ingresso A,B,C,D,.. relative a tale riga, prese in forma diretta o complementata (negata) a seconda che queste variabili assumono rispettivamente il valore 0 oppure 1.

Esempio

Consideriamo la riga 11 mostrata nella tabella di seguito:

	A	B	C	D	Q
.					.
11)	1	0	1	1	0
.					.

Tab. 19 Maxtermine M11

Il Maxtermine in questione, che indicheremo con M11, in base alla definizione data, è il seguente: $M_{11} = \overline{A} + B + \overline{C} + \overline{D}$.

Si noti che il Maxtemine è il *duale* del mintermine.
Si noti, ancora, che la configurazione di bit 1011 tradotta come numero decimale da 11, cioè il numero che abbiamo assegnato alla riga della tabella di verità ed al pedice del Maxtermine.

Utilizzo

Dalla tabella di verità di una funzione Q=f(A,B,C,D,E, ..) di N variabili di Ingresso e dalla definizione di Maxtermine, si deduce che la funzione Q può essere scritta come prodotto dei Maxtermini corrispondenti a quelle righe in cui la Q vale 0.
I Maxtermini si usano quando si considererà la funzione di uscita Q come Prodotto di Somme (P.S.), ossia AND di OR.

Definizione della distanza di Hamming

Considerate due qualunque configurazioni di bit, assunte dalle variabili binarie d'ingresso, si definisce *distanza di Hamming* il numero di bit che cambiano valore passando da una configurazione all'altra.

Esempio sulla distanza di Hamming

Consideriamo la tabella seguente in cui mostriamo due generiche configurazioni delle 4 variabili booleane di Ingresso A, B, C e D.

	A	B	C	D
.	.	.	.	.
4)	0	1	0	0
.	.	.	.	.
15)	1	1	1	1

Tab. 20 Distanza di Hamming fra due configurazioni di bit

Nelle configurazioni della tabella 0100 e 1111 si ha che il numero di valori binari che cambiano fra le due configurazioni è pari a 3; quindi, queste due configurazioni avranno una distanza di Hamming pari a tre.

Vedremo in seguito che caselle adiacenti, nelle Mappe di Karnaugh, sono caratterizzate dal fatto che i valori binari delle variabili di Ingresso che le identificano hanno una distanza di Hamming pari ad 1.

Nota.
Al solito, la riga della tabella numero 4) ha un valore binario 0100 che tradotto in un numero decimale vale 4; ugualmente la riga 15) ha un numero binario 1111 che tradotto in un numero decimale vale 15.

Definizione forma canonica del prodotto o prima forma canonica

Una funzione booleana Q si dice essere in *forma canonica del prodotto* (f. c. disgiuntiva) quando è una espressione logica per cui in tutti i termini che la compongono, legati tra loro dall'operatore • (AND), compaiono <u>tutte le variabili di ingresso</u> (A,B,C,D..) in forma negata (forma complementata) o non negata (forma vera).

In altre parole, una forma canonica del prodotto è una funzione booleana Q espressa coma Somma di mintermini oppure Somma di Prodotti (**S. P.**).

Ossia, sommatoria $\sum$ di tutti i mintermini relativi alle configurazioni di ingresso che generano uscita 1.

Si vede, nella tabella di verità, dove la funzione Q vale 1 e la si esprime come OR di AND. In ciascun prodotto ogni termine (letterale) compare in forma vera se è 1 in forma negata se è 0.

Definizione forma canonica della somma o seconda forma canonica

Una funzione booleana Q si dice essere in *forma canonica della somma* (f. c. congiuntiva) quando è una espressione logica per cui in tutti i termini che la compongono, legati tra loro dall'operatore + (OR), compaiono <u>tutte le variabili di ingresso</u> (A,B,C,D..) in forma negata o non negata (forma vera).

In altre parole una forma canonica della somma è una funzione booleana Q espressa coma Prodotto di Maxtermini oppure Prodotto di Somme (**P.S.**).

Ossia, produttoria $\prod$ di tutti i Maxtermini relativi a configurazioni di ingresso che generano uscita 0.

Si vede nella tabella di verità dove la funzione Q vale 0 e la si esprime come AND di OR. In ciascuna somma ogni termine (letterale) compare in forma negata se è 1 in forma vera se è 0.

Minimizzazione delle funzioni logiche con le Mappe di Karnaugh

La minimizzazione di una funzione logica Q, e di conseguenza della *rappresentazione circuitale* da essa espressa, si ottiene usando le Mappe di Karnaugh.

[2]Le Mappe di Karnaugh si basano, in generale, sull'applicazione della *proprietà distributiva*, dell'*assioma del complemento* od assioma della negazione e del *secondo teorema dell'assorbimento*.

Proprietà distributiva:

$$Q = A \bullet B \bullet X + A \bullet B \bullet \overline{X} = A \bullet B \bullet (X + \overline{X})$$

Assioma del complemento di una variabile X: $X + \overline{X} = 1$

Secondo teorema dell'assorbimento: $A + \overline{A} \bullet B = A + B$

Cioè, sulla semplificazione di una funzione logica Q del tipo:

$$Q = A \bullet B \bullet X + A \bullet B \bullet \overline{X} = A \bullet B \bullet (X + \overline{X}) = A \bullet B \bullet 1 = A \bullet B$$

X è una variabile di Ingresso che compare in forma materiale (o diretta) nel primo termine ed in forma complementata o negata nel secondo termine.

Minimizzare significa ricercare i termini che soddisfano la formula sopra scritta.

---

[2] Vedere l'appendice per le proprietà dell'algebra booleana.

Esercizio: Minimizzazione di una funzione booleana con l'algebra di Boole

Minimizzare la funzione $Q = A \bullet B + A \bullet \overline{B} + \overline{A} \bullet B$ usando la proprietà distributiva, l'assioma del complemento ed il secondo teorema dell'assorbimento.

$$Q = A \bullet B + A \bullet \overline{B} + \overline{A} \bullet B = A \bullet (B + \overline{B}) + \overline{A} \bullet B = A \bullet 1 + \overline{A} \bullet B = A + \overline{A} \bullet B$$

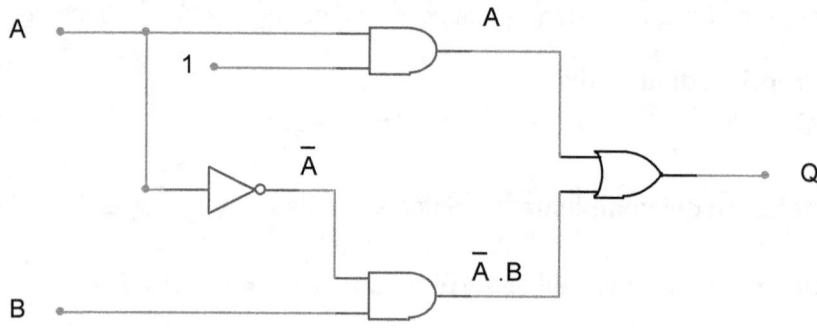

Fig. 38 Circuito logico di $Q = A \bullet B + A \bullet \overline{B} + \overline{A} \bullet B$

Notiamo che, nell'esercizio, si è usata la relazione $A \bullet 1 = A$, la quale in termini circuitali equivale a mettere in AND l'ingresso A con l'ingresso 1.

Usando nell'espressione della Q sopra ricavata il secondo teorema dell'assorbimento dell'algebra di Boole: $A + \overline{A} \bullet B = A + B$ avremo che la Q minima è data da $Q = A + B$; ossia, una semplice porta OR:

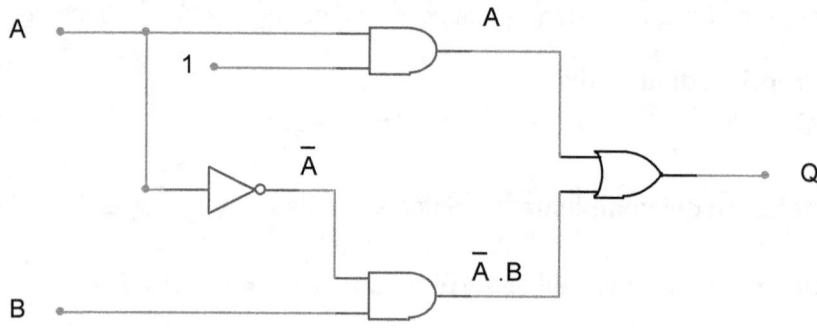

Fig. 39 Circuito logico della Q minima

Quanto appena visto significa che: in una rete combinatoria usare il circuito logico di figura 38 od il circuito logico di fig. 39, dal punto di vista funzionale, è la stessa cosa.

Usando il secondo circuito si ha, evidentemente, una riduzione del costo, bastando una sola porta logica OR al posto di quattro porte logiche.

Il Codice di Gray

Il *Codice di Gray* è un codice binario avente la caratteristica che, passando da una sua configurazione di bit alla successiva od alla precedente, varia il valore di un solo bit; in altre parole, passando da una sua configurazione di bit alla configurazione successiva od alla precedente si ha che: le due configurazioni differiscono per il <u>valore</u> di un solo bit, cioè hanno distanza di Hamming pari ad 1. Indichiamo nella seguente tabella il Codice di Gray con le lettere abbreviate C.G.

C.G per 1 variabile A	0	1						
C.G Diretto precedente →	0	1	C.G Riflesso precedente →	1	0			
Premettiamo **0** al C.G. diretto →	**00**	**01**	Premettiamo **1** al C.G riflesso →	**11**	**10**			
C.G per 2 variabili A, B →			**00 01 11 10**					
C.G Diretto precedente →	00	01	11	10	C.G riflesso precedente →	10	11	01	00
Premettiamo **0** al C.G diretto prec. →	**000**	**001**	**011**	**010**	Premettiamo **1** al C.G riflesso prec →	**110**	**111**	**101**	**100**
C.G per 3 variabili A,B,C →			**000 001 011 010 110 111 101 100**					

Tab. 21 Metodo per costruire il codice di Gray

Un metodo rapido per ottenere un *codice di Gray* per il valore dei bit di una, due, tre, quattro eccetera, variabili binarie è stato riportato nella tabella precedente.
Si inizia a scrivere il codice di Gray per una variabile binaria A che è, banalmente, 0 e 1; ossia, si riportano i soli valori che la variabile binaria A può assumere.

Cerchiamo di chiarire il significato della tabella precedente.
Il *codice diretto* è quello ottenuto scrivendo le configurazioni dei bit da sinistra verso destra; il *codice riflesso* coincide con il codice

diretto, ma va scritto leggendo le configurazioni da destra verso sinistra.

Per una variabile binaria A avremo come codice di Gray: 0 e 1;
per due variabili binarie A e B avremo che si premette 0 al codice di Gray diretto per una variabile binaria (il codice precedentemente ottenuto) e si premette 1 al codice di Gray riflesso per una variabile binaria ottenendo: 00 01 11 10;
per tre variabili binarie il codice si ottiene premettendo uno 0 al codice diretto per due variabili binarie e premettendo un 1 al codice riflesso per due variabili binarie ed unendo in sequenza i due codici;
per quattro variabili binarie il codice di Gray si ottiene premettendo uno 0 al codice diretto per tre variabili binarie e premettendo un 1 al codice riflesso per tre variabili binarie, eccetera.
Si può notare come, in tutti i codici di Gray, le configurazioni di bit adiacenti ad una qualunque altra configurazione differiscono da quest'ultima per il valore di un solo bit, ossia hanno distanza di Hamming pari ad 1.
Consideriamo a tal fine il codice di Gray per 3 variabili binarie e confrontiamo le configurazioni 010 e 111 con la configurazione ad esse adiacenti, cioè con la **110**:
000 001 011 010 **110** 111 101 100.

Vedremo in seguito che **un utilizzo del codice di Gray** è quello di etichettare le caselle di intestazione, orizzontale e verticale, delle Mappe di Karnaugh, per via del fatto che il codice ha la proprietà che le configurazioni dei bit adiacenti differiscono per il valore di un solo bit.
Il codice di gray per 4 variabili lo ricaviamo, con il metodo sopra esposto, dal codice per 3 variabili:

codice diretto per 3 variabili

000	001	011	010	110	111	101	100

codice riflesso per 3 variabili

100	101	111	110	010	011	001	000

premettiamo 0 al codice diretto e premettiamo 1 al codice riflesso ottenendo:
0000 0001 0011 0010 0110 0111 0101 0100 1100 1101 1111 1110 1010 1011 1001 1000.

Mappe di Karnaugh

Una *Mappa Karnaugh* (leggi *carnòu*) è costituita da quadrati chiamati *caselle*. Le *caselle* sono disposte in righe e colonne e, contengono <u>il valore della funzione di uscita binaria</u> Q del circuito combinatorio della Mappa rappresentato, ossia un **1** oppure uno **0**.

Il numero di caselle della Mappa è pari a 2^N, dove N rappresenta il numero di variabili indipendenti (variabili binarie di Ingresso).

Il valore binario immesso in una qualunque casella della M.K. rappresenta il valore che ha Q per la combinazione degli ingressi che identificano tale casella.

Le Mappe di Karnaugh consentono, comodamente, la *rappresentazione* e *semplificazione* di funzioni booleane di uscita fino a 6 variabili binarie.

Una qualunque **casella della Mappa** assume, quindi, il <u>valore della variabile di uscita Q</u> corrispondente, cioè il valore che la variabile Q assume per la configurazione di Ingressi che identificano tale casella.

Consideriamo la funzione di uscita Q di un circuito combinatorio per N=4 Ingressi binari A, B, C e D.

Fig. 40 Blocco logico Circuito Combinatorio a 4 Ingressi e 1 Uscita

Il blocco Circuito Combinatorio rappresenta una rete di porte logiche, (tipo AND OR e NOT e/o altre) fra loro legate, che stabiliscono la relazione fra Uscita Q ed Ingressi A, B, C e D essendo Q = f(A,B,C,D). (La lettera f indica *funzione*, ossia un *legame* fra Ingressi (detti anche *variabili indipendenti*) e Uscita Q (detta anche *variabile dipendente*)).

Una Mappa di Karnaugh relativa al circuito combinatorio della figura, sopra mostrata, permette sia di individuare il legame f fra l'uscita Q e gli Ingressi A,B,C,D sia di minimizzare l'uscita Q.

La Mappa di Karnaugh di una funzione di uscita Q, in generale, si costruisce partendo dalla Tabella di Verità della funzione di uscita Q, tabella in cui è anche espresso il legame fra Ingressi (A,B,C,D) ed Uscita Q, ossia Q = f (A,B,C,D).

Un *esempio di configurazione di Ingressi* (una riga della tabella di verità di Q), in cui l'Uscita Q vale 1, con A=1, B=0; C=0, D=1 è mostrato nella seguente tabella:

A	B	C	D	Q
1	0	0	1	1

Tab. 22 Una delle 16 configurazioni degli Ingressi

Per tale configurazione di ingressi la funzione di uscita Q vale 1 quindi, collocheremo un bit di valore 1 nella Mappa; se la funzione di Uscita Q valeva 0 si metteva nella Mappa il bit di valore 0.
Notiamo che in genere nella Mappa di Karnaugh gli zeri sono omessi.
In altre parole, la configurazione (1001) degli ingressi A,B,C,D è identificata nella Mappa di Karnaugh dalla casella contenente l'1 mostrata nella figura seguente:

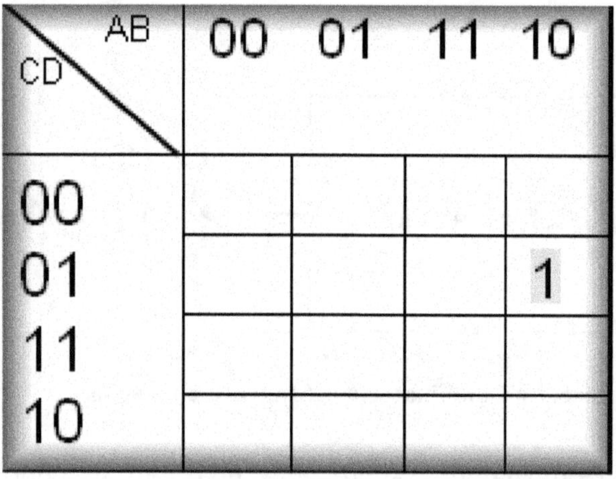

Fig. 41 Valore di Q nella Casella 1001 della Mappa di Karnaugh

I due lati, superiore e sinistro della Mappa di Karnaugh, sono contrassegnati (etichettati) dai valori delle variabili di Ingresso A,B,C,D, costituendo così le possibili combinazioni.
Ogni combinazione di bit differisce dalle altre combinazioni per almeno il valore di un bit.
Queste combinazioni rappresentano il codice di Gray per due variabili binarie A e B oppure C e D.

Nella figura precedente il valore 1 di Q si trova all'intersezione della colonna di Ingressi AB con la riga di Ingressi CD; precisamente per AB =10 e CD=01 che raggruppati come variabili ABCD sono 1001. Quindi, al valore degli ingressi 1001 corrisponde come uscita Q=1.

Il *mintermine* in questione vale quindi $A \bullet \overline{B} \bullet \overline{C} \bullet D$ e, la Q, se la tabella di verità fosse costituita soltanto da esso, sarebbe data da

$Q = A \bullet \overline{B} \bullet \overline{C} \bullet D$.

La sua rappresentazione circuitale con porte logiche sarebbe costituta da una porta AND e da due porte NOT come mostrato nella seguente figura:

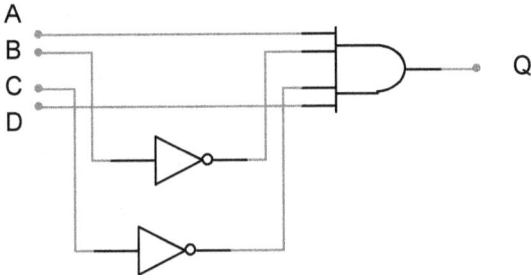

Fig. 42 Rappresentazione con porte logiche di una funzione Q contenente un solo mintermine

Consideriamo nella figura seguente la Tabella di Verità di una funzione Q che esprime il legame fra gli Ingressi e l'Uscita, ossia la Q = f (A,B,C,D) al pari della corrispondente Mappa di Karnaugh:

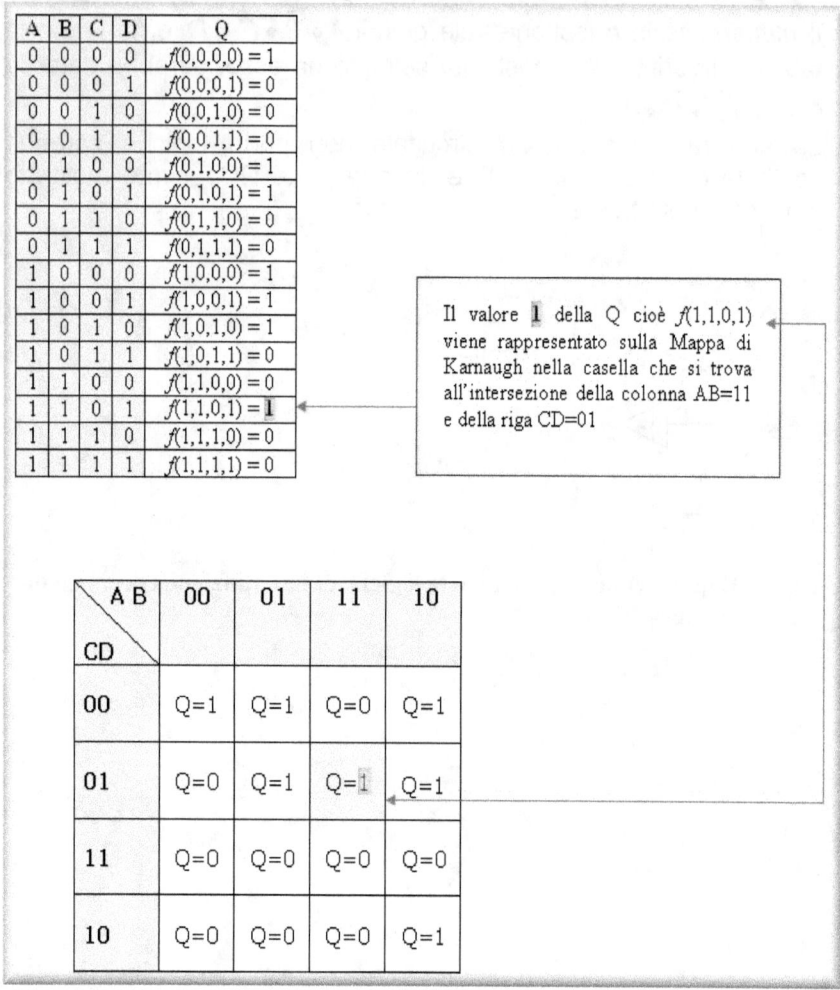

A	B	C	D	Q
0	0	0	0	$f(0,0,0,0) = 1$
0	0	0	1	$f(0,0,0,1) = 0$
0	0	1	0	$f(0,0,1,0) = 0$
0	0	1	1	$f(0,0,1,1) = 0$
0	1	0	0	$f(0,1,0,0) = 1$
0	1	0	1	$f(0,1,0,1) = 1$
0	1	1	0	$f(0,1,1,0) = 0$
0	1	1	1	$f(0,1,1,1) = 0$
1	0	0	0	$f(1,0,0,0) = 1$
1	0	0	1	$f(1,0,0,1) = 1$
1	0	1	0	$f(1,0,1,0) = 1$
1	0	1	1	$f(1,0,1,1) = 0$
1	1	0	0	$f(1,1,0,0) = 0$
1	1	0	1	$f(1,1,0,1) = 1$
1	1	1	0	$f(1,1,1,0) = 0$
1	1	1	1	$f(1,1,1,1) = 0$

Il valore 1 della Q cioè $f(1,1,0,1)$ viene rappresentato sulla Mappa di Karnaugh nella casella che si trova all'intersezione della colonna AB=11 e della riga CD=01

AB \\ CD	00	01	11	10
00	Q=1	Q=1	Q=0	Q=1
01	Q=0	Q=1	Q=1	Q=1
11	Q=0	Q=0	Q=0	Q=0
10	Q=0	Q=0	Q=0	Q=1

Fig. 43 Corrispondenza Tabella di Verità e Mappa di Karnaugh

Negli esercizi pratici dentro le caselle della Mappa di Karnaugh si mettono soltanto i valori numerici che Q assume: lo zero oppure l'uno (0 od 1).

Adiacenza fra caselle nelle mappe di Karnaugh

Le caselle della Mappa di Karnaugh che hanno un <u>lato in comune</u> sono dette *adiacenti*; si considerano *adiacenti* anche le caselle all'estremità di una riga o di una colonna.

L'adiacenza fra caselle nelle Mappe di Karnaugh è identificata dalla *variazione del valore* di una sola variabile di Ingresso alla volta.

Ad esempio, se consideriamo la casella identificata dalla configurazione 0001 (la casella *) le 4 caselle ad essa adiacenti hanno la configurazione a) 0000 b) 0011 c) 0101 d) 1001.

In figura questo può essere espresso nel modo seguente:

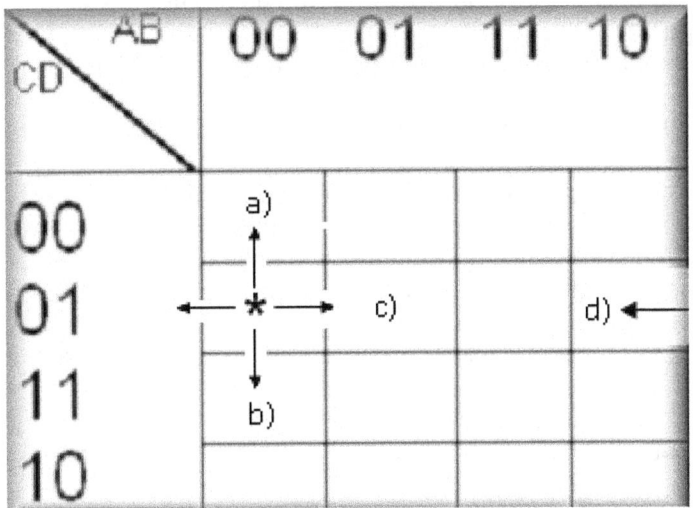

Fig. 44 Quattro caselle adiacenti alla casella 0001

Tutte le caselle adiacenti alla casella **0001** sono <u>solo e soltanto</u> quelle che differiscono per il *valore di un bit* dalla configurazione **0001**, come si può notare dalla seguente tabella.

casella	A	B	C	D
a)	0	0	0	0
*	**0**	**0**	**0**	**1**
b)	0	0	1	1
c)	0	1	0	1
d)	1	0	0	1

Tab. 23 Un esempio di adiacenza fra caselle

Attraverso l'adiacenza fra le caselle si possono operare le semplificazioni, fra i mintermini della Mappa di Karnaugh <u>se queste</u>

caselle contengono tutte quante gli 1, al fine di ridurre il numero delle variabili di ingresso presenti nella espressione logica della funzione di uscita Q.

2^N caselle adiacenti di 1 (della M. K.) consentono l'eliminazione di N variabili binarie di ingresso.

Ricordiamo che: la distanza di Hamming serve per verificare se la numerazione, delle configurazioni delle variabili booleane di Ingresso, fra caselle adiacenti nelle Mappe di Karnaugh, ha distanza di Hamming pari ad uno. In questo caso avremo che è possibile applicare l'assioma del complemento fra i mintermini in questione e quindi, eliminare una variabile. Ad esempio, le configurazioni a) e * della tabella precedente hanno una distanza di Hamming pari ad 1; in particolare varia la variabile D quindi, D si elimina mettendo in OR i due mintermini m_0 e m_1.

Visualizzazione della semplificazione dei mintermini fra caselle adiacenti
Sappiamo che due caselle adiacenti differiscono per il valore di un solo bit di una determinata variabile; ciò significa che tale variabile si presenta in una casella in forma negata e nella casella adiacente in forma non negata (forma diretta); si può, quindi, applicare l'assioma del complemento fra esse.
Nella seguente tabella riscriviamo la precedente tabella in cui illustriamo il valore delle variabili di tutte le caselle adiacenti alla casella **0001**; a fianco di ciascuna configurazione, degli ingressi A, B, C e D, mettiamo la Forma in cui si deve porre la corrispondente variabile per dare un valore VERO per tali configurazioni.

	A	B	C	D	Forma			
a)	0	0	0	0	$\overline{A}$	$\overline{B}$	$\overline{C}$	$\overline{D}$
*	**0**	**0**	**0**	**1**	$\overline{\mathbf{A}}$	$\overline{\mathbf{B}}$	$\overline{\mathbf{C}}$	**D**
b)	0	0	1	1	$\overline{A}$	$\overline{B}$	C	D
c)	0	1	0	1	$\overline{A}$	B	$\overline{C}$	D
d)	1	0	0	1	A	$\overline{B}$	$\overline{C}$	D

Tab. 24 Forma delle variabili per caselle adiacenti

Eseguendo la funzione OR fra i primi due mintermini della tabella precedente avremo che scompare dal loro risultato la variabile D.

Infatti:

$$\overline{A} \bullet \overline{B} \bullet \overline{C} \bullet \overline{D} + \overline{A} \bullet \overline{B} \bullet \overline{C} \bullet D = \overline{A} \bullet \overline{B} \bullet \overline{C} \bullet (\overline{D} + D) =$$
$$\overline{A} \bullet \overline{B} \bullet \overline{C} \bullet 1 = \overline{A} \bullet \overline{B} \bullet \overline{C}$$

Cioè, fra caselle della Mappa di Karnaugh <u>adiacenti</u> scompare la variabile che si presenta in entrambe le forme, *negata* e *non negata*, nei due mintermini.

Se eseguiamo l'OR fra il mintermine * ed il mintermine b) scompare dal risultato la variabile C.

Se eseguiamo l'OR fra il mintermine * ed il mintermine c) scompare dal risultato la variabile B.

Se eseguiamo l'OR fra il mintermine * ed il mintermine d) scompare dal risultato la variabile A.

a), * , b), c) e d) rappresentano, rispettivamente, i mintermini m0, m1, m3, m5, m9.

$$m1 \text{ OR } m0 = m_1 + m_0 = \overline{A} \bullet \overline{B} \bullet \overline{C}$$

$$m1 \text{ OR } m3 = m_1 + m_3 = \overline{A} \bullet \overline{B} \bullet D$$

$$m1 \text{ OR } m5 = m_1 + m_5 = \overline{A} \bullet \overline{C} \bullet D$$

$$m1 \text{ OR } m9 = m_1 + m_9 = \overline{B} \bullet \overline{C} \bullet D$$

Altro metodo di identificazione delle variabili di Ingresso nelle M. K.

In una Mappa di Karnaugh a 4 variabili possiamo etichettare con le variabili, in forma negata o non negata, tutte le caselle di cui essa è costituita attraverso il metodo visualizzato nella seguente figura:

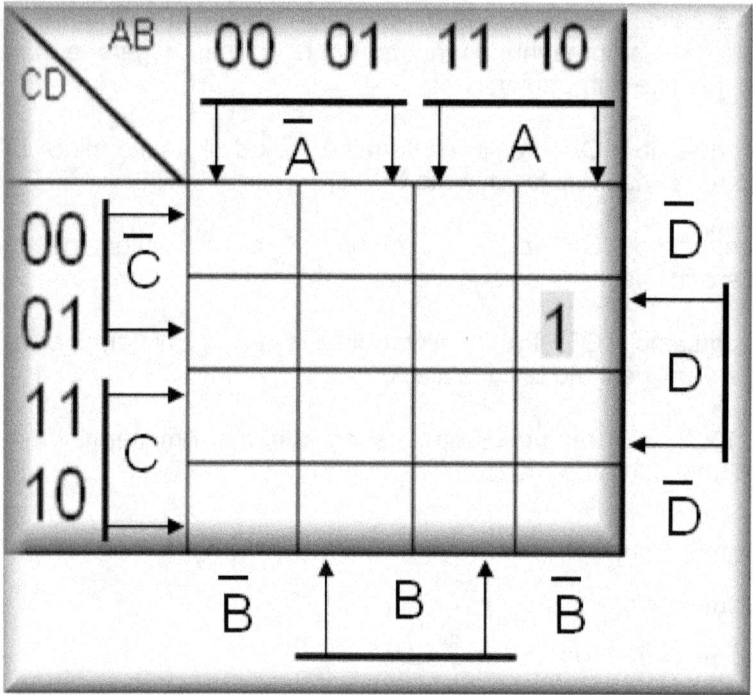

Fig. 45 Metodo alternativo identificazione delle variabili in una M. K.

Attraverso la figura precedente notiamo che: le prime due colonne della Mappa di Karnaugh presentano la A in forma *negata* (infatti, per esse A vale 0); le seconde due colonne della Mappa presentano A in forma *non negata* (infatti, per esse A vale 1).
Le due colonne centrali hanno la variabile B in forma normale (non negata) e, le due colonne agli estremi della Mappa hanno la B in forma negata (infatti, per esse B vale 0).
Le prime due righe della Mappa presentano la C in forma negata e le seconde due righe in forma normale (forma vera).
Le due righe centrali presentano la D in forma normale e le righe collocate agli estremi della Mappa hanno la D in forma negata.

Se, adesso, analizziamo il mintermine, corrispondente alla casella in cui è collocato il valore 1 della Q, notiamo che:

- la casella in questione appartiene alle prime due colonne della Mappa in cui A è in forma normale (non negata);
- appartiene ad una colonna estrema in cui B è in forma negata;
- appartiene alle prime due righe in cui C è in forma negata;
- appartiene alle due righe centrali in cui D è in forma normale.

Quindi, in tale casella il mintermine vale: $A \bullet \overline{B} \bullet \overline{C} \bullet D$.

Questo metodo alternativo di identificazione della forma delle variabili nelle caselle della Mappa è simile, anche, per le Mappe di Karnaugh aventi un numero di variabili diverso da 4.

Rappresentazione decimale in una M.K. di una funzione booleana

Una funzione booleana Q può essere espressa come somma di mintermini o prodotto di Maxtermini e, rappresentata all'interno della mappa di Karnaugh con i numeri decimali dei pedici corrispettivi dei mintermini tali per cui Q valga 1 nella tabella di verità e, Maxtermini tali che Q valga 0; ossia, con il valore decimale che essi hanno.

Quanto detto, scritto in formula diventa.

Q è uguale alla **sommatoria** degli mi tali che i abbia Q=1 (per i che varia da 0 fino a 2^{N-1})

$$Q = f(A, B, C, D) = \sum_{i:Q=1} mi$$

Q è uguale alla **produttoria** degli Mi tali che i abbia Q=0 (per i che varia da 0 fino a 2^{N-1})

$$Q = f(A, B, C, D) = \prod_{i:Q=0} Mi$$

Applicando la $Q = f(A, B, C, D) = \sum_{i:Q=1} mi$ alla funzione booleana data dalla seguente tabella di verità:

i	A	B	C	D	Q
0)	0	0	0	0	1
1)	0	0	0	1	0
2)	0	0	1	0	1
3)	0	0	1	1	0
4)	0	1	0	0	0
5)	0	1	0	1	1
6)	0	1	1	0	0
7)	0	1	1	1	1
8)	1	0	0	0	1
9)	1	0	0	1	0
10)	1	0	1	0	0
11)	1	0	1	1	0
12)	1	1	0	0	0
13)	1	1	0	1	1
14)	1	1	1	0	0
15)	1	1	1	1	1

avremo che, usando la prima eguaglianza, possiamo scrivere la mappa di karnaugh, della tabella di verità precedente, scrivendo il corrispondente numero di riga *i*, nella corrispondente casella della Mappa, in cui si ha Q=1.

AB CD	00	01	11	10
00	**0**	4	12	**8**
01	1	**5**	**13**	9
11	3	**7**	**15**	11
10	**2**	6	14	10

Tab. 25 Mappa Karnaugh scrittura decimale alternativa

Ossia, usando la prima eguaglianza avremo:

$$Q = m_0 + m_2 + m_5 + m_7 + m_8 + m_{13} + m_{15}$$

Più brevemente si suole, anche, scrivere nel seguente modo:

$$Q = \sum (0,2,5,7,8,13,15)$$

Usando la seconda uguaglianza possiamo scrivere la funzione descritta dalla mappa di Karnaugh come Produttoria dei Maxtermini tali che nella tabella di verità si abbia Q=0.

$$Q = M_1 \bullet M_3 \bullet M_4 \bullet M_6 \bullet M_9 \bullet M_{10} \bullet M_{11} \bullet M_{12} \bullet M_{14}$$

Più brevemente si suole, anche, scrivere nel seguente modo:

$$Q = \prod (1,3,4,6,9,10,11,12,14)$$

Cap. 4 Minimizzazione funzioni

Procedura per Minimizzare funzione logica con le Mappe di Karnaugh

Si costruisce la *Tabella di verità* della funzione Q da minimizzare.
Si disegna la *Mappa di Karnaugh* relativa alla Tabella di Verità costruita riportando, in alto a sinistra delle sue righe e colonne di intestazione, il nome delle variabili di Ingresso della funzione Q (tanti Ingressi quanti ve ne sono presenti nella Tabella di Verità);
La Mappa di Karnaugh costruita dovrà avere tante caselle quante sono le combinazioni delle variabili di Ingresso; per 1 ingresso avrà 2 caselle, per 2 ingressi avrà 4 caselle, per 3 ingressi 8 caselle, per 4 ingressi 16 caselle, per 5 ingressi 32 caselle, per 6 ingressi 64 caselle. In generale, per N ingressi avrà 2^N caselle;

In corrispondenza delle righe e colonne di intestazione, sopra ed a fianco delle caselle, si riporta il valore delle variabili binarie di Ingresso, espresse secondo la *codifica del codice di Gray* (ad esempio, 00 01 11 10 per due variabili A e B oppure C e D);
Si riportano gli 1 della funzione di Uscita Q nelle caselle della Mappa corrispondenti alle combinazione degli Ingressi presenti nella Tabella di Verità.
Si verifica se esistono nella Mappa 1 collocati in caselle adiacenti;
Se esistono 1 collocati in caselle adiacenti si segnano, con delle linee chiuse (box), i gruppi di 1 più grandi possibili, gruppi che formano una potenza del 2; quindi gruppi di due 1, gruppi di quattro 1, gruppi di otto 1 eccetera.
In ciascun gruppo gli 1 si possono prendere (segnare) più di una volta e usati per altri gruppi; l'importante è che ci sia almeno un 1 che venga preso solo una volta per ciascun gruppo, in caso contrario quel gruppo non va preso.
Il risultato di ogni gruppo preso è dato dalle variabili o dalla variabile che *non cambiano valore all'interno del gruppo* (tenendo conto che le variabili vanno negate se valgono 0); le variabili che cambiano valore in un gruppo si eliminano;
La somma logica dei risultati di tutti i gruppi presi più eventuali 1 isolati fornisce la funzione Q minima.

I blocchi di 1 prendono il nome di **implicanti**. Un blocco deve avere un numero di celle pari a 2^u (u=0,1,2..); quindi 1, 2, 4, 8, 16 celle.

I **primi implicanti** sono blocchi di dimensioni massima, ossia un prodotto ottenuto combinando il massimo numero di caselle adiacenti.

I **primi implicanti essenziali** sono il numero minimo di blocchi di dimensione massima che coprono tutti gli 1 della tabella e, questo è l'obiettivo della minimizzazione.

In altre parole, i primi implicanti essenziali sono i primi implicanti che coprono una casella non coperta da altri primi implicanti.

Esempio di una Mappa di Karnaugh per una funzione a 4 variabili

Si costruisce osservando la Tabella di Verità della funzione Q. Costruiamo come esempio la Mappa di Karnaugh per una funzione Q a quattro ingressi avente la seguente tabella di verità:

i	A	B	C	D	Q
0)	0	0	0	0	1
1)	0	0	0	1	0
2)	0	0	1	0	1
3)	0	0	1	1	0
4)	0	1	0	0	0
5)	0	1	0	1	1
6)	0	1	1	0	0
7)	0	1	1	1	1
8)	1	0	0	0	1
9)	1	0	0	1	0
10)	1	0	1	0	0
11)	1	0	1	1	0
12)	1	1	0	0	0
13)	1	1	0	1	1
14)	1	1	1	0	0
15)	1	1	1	1	1

Tab. 26 Tabella di verità per una funzione di uscita Q a 4 ingressi A,B,C,D

La funzione Q è espressa, all'interno della Tabella di Verità, con i suoi valori 0 ed 1 scritti nell'ultima colonna.
La Mappa si costruisce posizionando tutti i valori, che Q ha nella Tabella di Verità, all'interno delle caselle della Mappa di Karnaugh; il posizionamento di tali valori è da farsi in corrispondenza del numero di casella della Mappa identificato dal valore che le variabili A,B,C,D hanno nelle corrispondenti righe i-esime della Tabella.

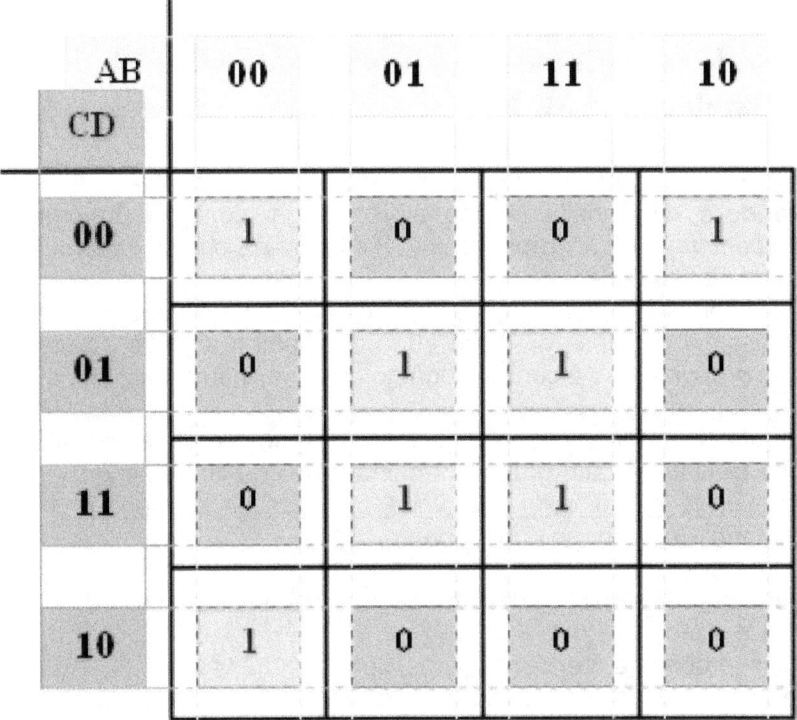

Fig. 46 Mappa di Karnaugh a quattro variabili A,B,C,D

La funzione Q si può ricavare sia dalla *Tabella di Verità* sia dalla *Mappa di Karnaugh*, rappresentando quest'ultima soltanto un metodo di rappresentazione alternativo della funzione Q, ma utile per semplificarla.

$$Q = \overline{ABCD} + \overline{AB}\overline{C}\overline{D} + \overline{AB}\overline{C}D + A\overline{B}\overline{C}D + \overline{A}BCD + ABCD + \overline{ABC}\overline{D}$$

L'espressione della funzione booleana d'uscita Q può essere *minimizzata*, cioè (semplificata al massimo). Un'uscita Q avente una espressione *minimizzata* esegue le stesse funzioni della corrispondente <u>non</u> *minimizzata*. La differenza, in termini pratici, fra una espressione di Q minimizzata ed una <u>non</u> minimizzata è nel <u>minor numero di termini</u> che contiene l'espressione minimizzata rispetto alla <u>non</u> minimizzata. E quindi, anche un numero minore di porte AND, OR e NOT (e/o altre) necessitanti per costruire il corrispondente circuito logico o minore numero di relais e contatti necessitanti per costruire il corrispondente circuito elettrico.

Metodo per minimizzare una funzione Q di 4 variabili con le M. K.

Il metodo per minimizzare l'uscita Q di 4 variabili è quello di **prendere gli 1** della Mappa di Karnaugh, contenuti in *caselle adiacenti fra loro*, **a gruppi** di 2, 4, 8 e16 invece che singolarmente, quando è possibile.
Gli 1 si prendono a gruppi, iniziando da quei gruppi che contengono il <u>massimo</u> possibile di 1 che sono contenuti in caselle adiacenti.
Ogni gruppo preso è contrassegnato con una linea chiusa.

Regola. In ciascun gruppo, gli 1 si possono prendere più di una volta e usati per altri gruppi; l'importante è che ci sia <u>almeno un 1 che venga preso solo una volta per ciascun gruppo</u>, in caso contrario, quel gruppo non va preso.

Nel caso della figura sopra mostrata il massimo numero di 1 che s'inizia a prendere è 4.
Poi, si procede a prendere i gruppi contenenti 2 uni.
Per ogni gruppo si calcola il valore del nuovo "mintermine" (detto implicante) che conterrà un numero di INPUT minore; precisamente se il gruppo contiene <u>due 1</u> si cancella dal mintermine un solo INPUT (cioè si cancella una sola variabile di ingresso) e quindi, ne rimangono tre; se il gruppo contiene <u>quattro 1</u> si cancellano due INPUT e quindi, ne rimangono due; se il gruppo contiene otto 1 si cancellano tre INPUT e ne rimane uno soltanto;

Nella figura seguente mostriamo con una linea nera tratteggiata i gruppi che si prendono.

I gruppi di uno presi nella Mappa di Karnaugh sono:
- il gruppo di 4 uni al centro della Mappa;
- il gruppo di 2 uni collocati agli estremi della prima colonna della Mappa;
- il gruppo di 2 uni collocati agli estremi della prima riga della Mappa.

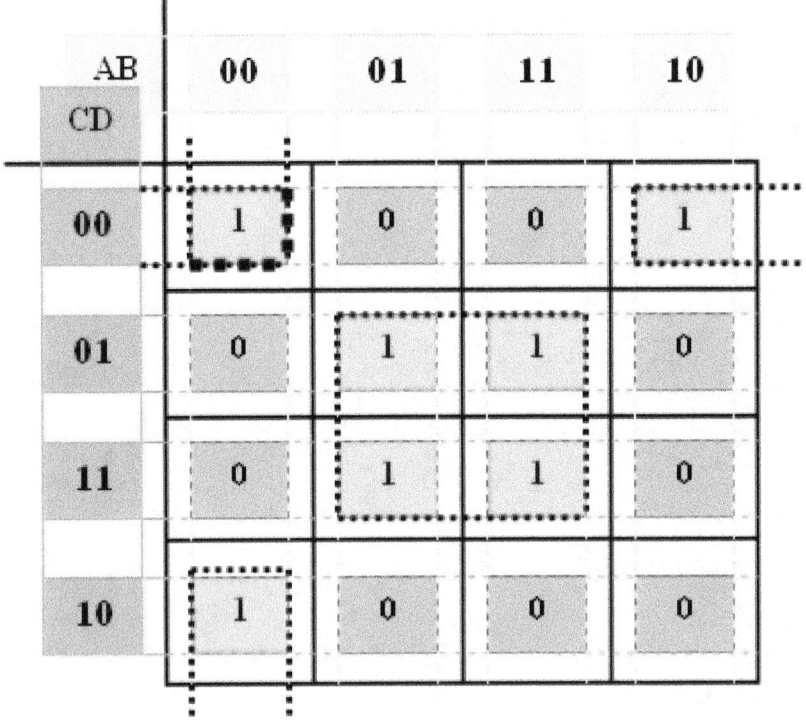

Fig. 47 I tre gruppi di caselle adiacenti contenenti gli 1 considerati

L'uscita Q *minimizzata* è data dalla seguente espressione:

$$Q = B \bullet D + \overline{A} \bullet \overline{B} \bullet \overline{D} + \overline{B} \bullet \overline{C} \bullet \overline{D}$$

Il primo termine, a secondo membro della Q, deriva dai 4 uni al centro della Mappa; il secondo deriva dal gruppo di 2 uni della prima colonna; il terzo termine deriva dal gruppo di 2 uni della prima riga.

Cap. 5 Porte logiche e corrispondenti M.K e circuiti

Ricordiamo che per l'*assioma del complemento* avremo:
$A + \overline{A} = 1$. Idem per B, C e D.

Infatti, ricordando che **A negato** significa **NOT A**, ossia NOT A è uguale ad $\overline{A}$

$\overline{A}$	
A 0	1
A 1	0

Tab. 27 Mappa del NOT

Si dice che **NOT** è una funzione booleana, o meglio un operatore di tipo unario, cioè agisce su una sola variabile binaria.
La tabella si legge nel seguente modo:
se A = 0, A negato è uguale ad 1;
se A =1, A negato è uguale a 0.
Una variabile <u>binaria</u> è una qualunque lettera che può assumere <u>due soli valori</u>.
Nel caso dell'algebra di boole i valori in questione sono lo zero e l'uno. Ad esempio, A= 0 oppure A=1.

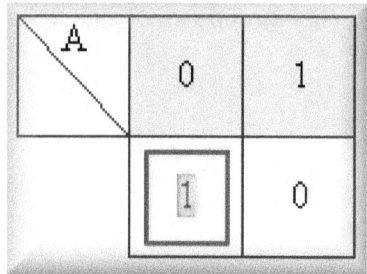

Fig. 48 Mappa di Karnaugh del NOT

Dalla Mappa di Karnaugh precedente si ricava la relazione: $Q = \overline{A}$
(Q è uguale ad A negato).

Ricordando, anche, la Mappa dell'OR, fra due INPUT A e B, si può scrivere anche nel seguente modo:

A + B		B 0	B 1
A	0	0	1
A	1	1	1

Tab. 28 Mappa dell'OR

L'uscita **A+B** vale 0 <u>se e soltanto se</u> entrambe le variabili **A** e **B** valgono 0, altrimenti vale 1.

Avremo, sostituendo, nella Tabella dell'OR, alla lettera B la lettera $\overline{A}$, che:

se A vale 0, l'espressione $A + \overline{A} = 1$ si traduce nel seguente modo: 0 + 1 = **1**;

se A vale 1, l'espressione $A + \overline{A} = 1$ si traduce nel seguente modo: 1 + 0 = **1**.

La Mappa di Karnaugh relativa alla porta OR fra due ingressi A e B è la seguente:

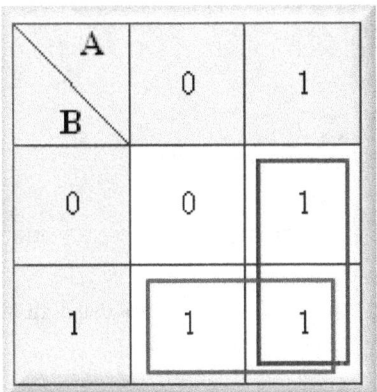

Fig. 49 Mappa di Karnaugh per una porta OR a due Ingressi

Dalla Mappa di Karnaugh precedente si ricava la relazione: $Q = A + B$ (Q è uguale ad A OR B).

Per completezza ricordiamo che la Mappa della funzione AND si può scrivere nel seguente modo:

A • B		B 0	B 1
A	0	**0**	**0**
A	1	**0**	**1**

Tab. 29 Mappa dell'AND

L'uscita **A • B** vale 1 se e soltanto se entrambe le variabili A e B valgono 1, altrimenti vale 0.

A \ B	0	1
0	0	0
1	0	1

Fig. 50 Mappa di Karnaugh per una porta AND a due Ingressi

Dalla Mappa di Karnaugh precedente si ricava la relazione: $Q = A \bullet B$ (Q è uguale ad A AND B).
Potremmo, anche, utilizzare una Mappa di Karnaugh in cui i due ingressi sono collocati su una stessa riga.

A B	00	01	11	10
Q	0	0	1	0

Tabella di verità dello XOR

	A	B	Q
0)	0	0	0
1)	0	1	1
2)	1	0	1
3)	1	1	0

Mappa di Karnaugh dello XOR

A B	0	1
0	0	1
1	1	0

Tabella di verità dello NXOR

	A	B	Q
0)	F	F	T
1)	F	T	F
2)	T	F	F
3)	T	T	T

Mappa di Karnaugh dello NXOR

A B	0	1
0	1	0
1	0	1

Si deduce, dalle due Mappe di Karnaugh, che: NXOR= NOT(XOR).

Esercizio su una Mappa di Karnaugh di tre variabili

Per la funzione di uscita Q di tre variabili binarie A,B,C, rappresentata attraverso la *Mappa di Karnaugh* di figura, ricavare la tabella di verità (o tavola di verità) corrispondente; ricavare inoltre la funzione Q minimizzata ed il *circuito logico* a quest'ultima corrispondente.

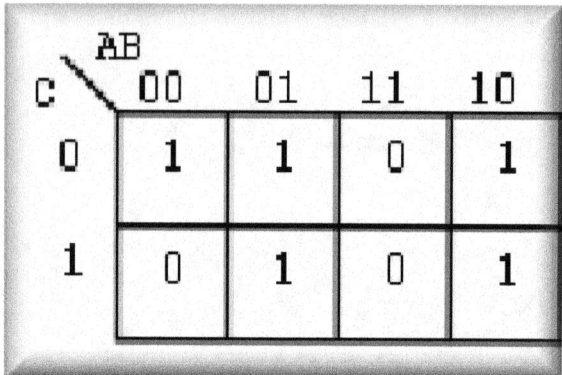

Fig. 51 Mappa di Karnaugh per una funzione di tre variabili

Soluzione

La tavola di verità corrispondente alla Mappa di Karnaugh di figura è data dalla seguente tabella:

A	B	C	Q
0	0	0	1
0	0	1	0
0	1	0	1
0	1	1	1
1	0	0	1
1	0	1	1
1	1	0	0
1	1	1	0

Tab. 30 Tavola di verità per una funzione di tre variabili

Per ricavare la tavola di verità, corrispondente alla funzione minimizzata, dobbiamo prima minimizzare la funzione Q attraverso l'uso della Mappa di Karnaugh.

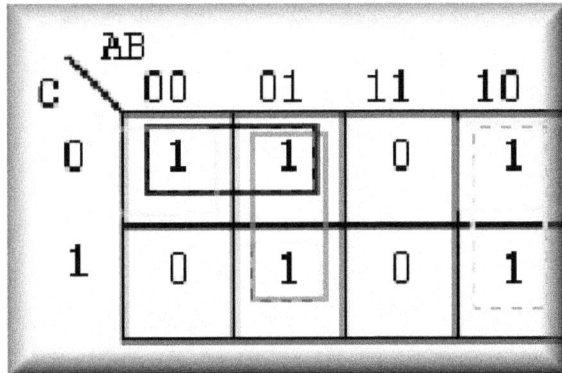

Fig. 52 I 4 gruppi di implicanti della Mappa di Karnaugh

La funzione Q minima, ricavata dalla Mappa di Karnaugh prendendo gli uni a gruppi come mostrato nella figura precedente, è data dalla seguente espressione: $Q = \overline{A} \bullet B + \overline{A} \bullet \overline{C} + A \bullet \overline{B}$.

Il circuito logico corrispondente all'uguaglianza è il seguente:

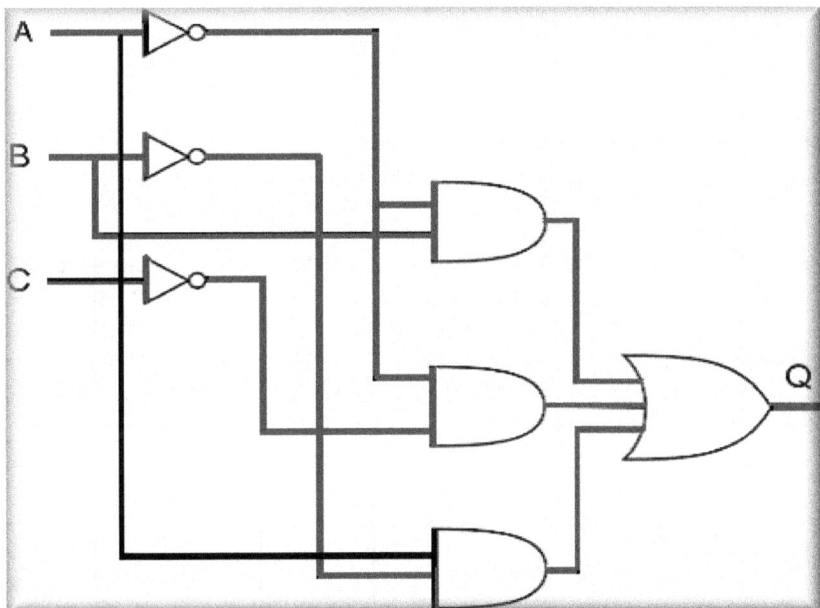

Fig. 53 Circuito logico di una uscita Q a 3 ingressi

Il circuito elettrico corrispondente, realizzato con contatti e relais, è mostrato nella figura successiva.

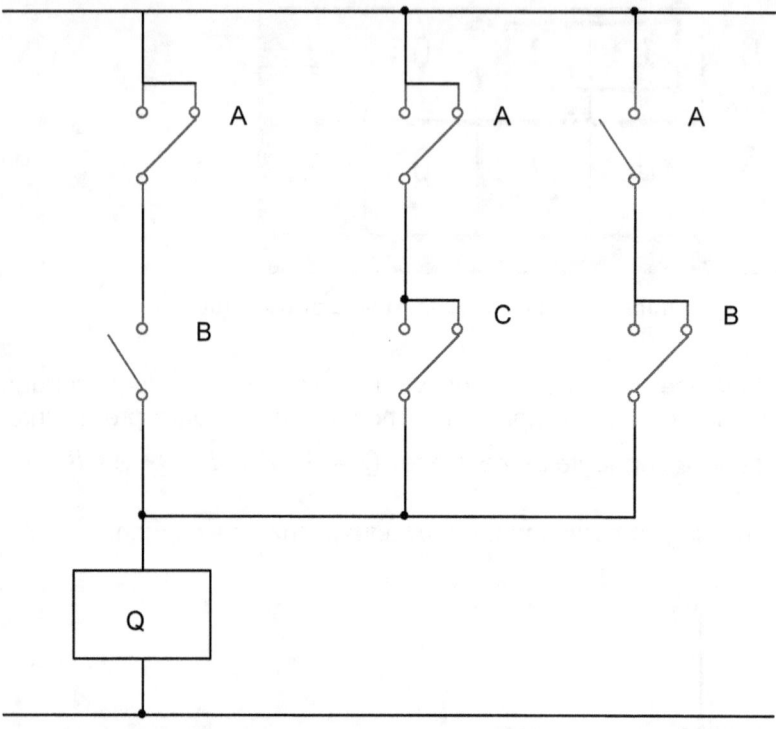

Fig. 54 Circuito elettrico con relais e contatti della Q minimizzata

Nella figura 54: la barra orizzontale superiore, di collegamento dei tre rami verticali — collegati in parallelo, — è, al solito, quella avente una tensione alta (in corrente continua coincidente con il polo positivo); la barra orizzontale inferiore, che collega la bobina Q, è quella avente una tensione bassa o nulla (in corrente continua coincide con il polo negativo).

Esercizio sulla minimizzazione delle Mappe di Karnaugh da svolgere

Avendo assegnata la Mappa di Karnaugh della figura seguente, relativa ad una funzione di uscita binaria Q, e — ove necessario — prendendo i gruppi di uni in modo ottimale:
- scrivere la corrispondente tavola di verità;
- scrivere la funzione di uscita binaria Q minima;
- tracciare il circuito logico minimo;
- tracciare il circuito elettrico minimo a contatti e relais.

AB / CD	00	01	11	10
00	0	0	1	1
01	0	0	0	1
11	0	0	1	1
10	0	0	1	1

Fig. 55 Mappa di Karnaugh con i gruppi di 1 già scelti

Soluzione ?

.....

......

Esercizio sulla minimizzazione delle Mappe di Karnaugh con soluzione

Per una funzione booleana di uscita Q, (a 4 variabili binarie di ingresso A,B,C,D), assegnando a Q il valore 1 se e solo se siamo in presenza di un numero primo, costruire la relativa:

* tabella di verità;
* mappa di karnaugh;
* funzione minimizzata della Q;
* circuito logico minimo;
* circuito elettrico minimo con relais e contatti.

Soluzione

a) La tabella di verità dovrà avere Q=1 quando, il numero intero decimale corrispondente alle righe della tabella medesima, è un *numero primo*. Quindi, essendo i numeri primi tra [0,15] i seguenti: 1,2,3,5,7,11 e 13, collocheremo per Q in corrispondenza a tali righe il bit pari ad 1 e per le restanti righe il bit pari a 0.

	A	B	C	D	Q
0)	0	0	0	0	0
1)	0	0	0	1	1
2)	0	0	1	0	1
3)	0	0	1	1	1
4)	0	1	0	0	0
5)	0	1	0	1	1
6)	0	1	1	0	0
7)	0	1	1	1	1
8)	1	0	0	0	0
9)	1	0	0	1	0
10)	1	0	1	0	0
11)	1	0	1	1	1
12)	1	1	0	0	0
13)	1	1	0	1	1
14)	1	1	1	0	0
15)	1	1	1	1	0

Tab. 31 Tabella di verità per i numeri primi tra 0 e 15

Ricordiamo che un numero è *primo* quando è divisibile per se stesso e per 1.

b) Dalla tabella di verità ricaviamo la corrispondente Mappa di Karnaugh, mostrata nella figura seguente:

CD \ AB	00	01	11	10
00	0	0	0	0
01	1	1	1	0
11	1	1	0	1
10	1	0	0	0

Fig. 56 Mappa di Karnaugh dei primi 7 numeri primi

Ricordiamo che ogni casella (cella) della Mappa di Karnaugh può contenere i mintermini da m_0 fino ad m_{15} e, che nel nostro esercizio i mintermini da considerare sono soltanto quelli che danno Q=1; ossia, i mintermini m_k (per k che varia da 0 fino a 15) tali che il *pedice* k *sia un numero primo;* cioè: m_1, m_2, m_3, m_5, m_7, m_{11}, m_{13}.

Di seguito mostriamo la numerazione della Mappa di Karnaugh con i relativi mintermini m_k (per k che varia da 0 fino a 15).

Ricordiamo che un qualunque mintermine è pari al prodotto di <u>tutti</u> i letterali (rappresentanti le variabili di ingresso) nella forma negata o non negata; ad esempio:

$$m_5 = \overline{A} \bullet B \bullet \overline{C} \bullet D$$

AB \ CD	00	01	11	10
00	m0	m4	m12	m8
01	m1	m5	m13	m9
11	m3	m7	m15	m11
10	m2	m6	m14	m10

Fig. 57 Numerazione delle caselle della M.K. con i mintermini

Se considerassimo la *forma canonica* di Q avremmo:
Q = m1+ m2 + m3 + m5 + m7 + m11 + m13.

c) La funzione minimizzata della Q si ricava dalla Mappa di Karnaugh prendendo gli 1 a gruppi opportuni, come mostrato nella figura di seguito:

AB \ CD	00	01	11	10
00	0	0	0	0
01	1	1	1	0
11	1	1	0	1
10	1	0	0	0

Fig. 58 Gruppi di 1 scelti per minimizzare la Q

La funzione Q minimizzata prendendo nella Mappa di Karnaugh i *gruppi di 1* dal contorno, rispettivamente, di colore blu (4 uni), viola, rosso e giallo (in caselle adiacenti) è la seguente.

$$Q = \overline{A} \bullet D + B \bullet \overline{C} \bullet D + \overline{A} \bullet \overline{B} \bullet C + \overline{B} \bullet C \bullet D$$

Notiamo che: il primo termine della Q minimizzata è stato ottenuto dalla somma logica dei mintermini, della Mappa di Karnaugh, m1, m3, m5, m7; ossia: $\overline{A} \bullet D = m_1 + m_3 + m_5 + m_7$;

il secondo termine della Q minimizzata è stato ottenuto dalla somma logica dei mintermini, della Mappa di Karnaugh, m5 , m13;

ossia: $B \bullet \overline{C} \bullet D = m_5 + m_{13}$;

il terzo termine della Q minimizzata è stato ottenuto dalla somma logica dei mintermini, della Mappa di Karnaugh, m3 , m2;

ossia: $\overline{A} \bullet \overline{B} \bullet C = m_3 + m_2$;

il quarto termine della Q minimizzata è stato ottenuto dalla somma logica dei mintermini, della Mappa di Karnaugh, m3 , m11;

ossia: $\overline{B} \bullet C \bullet D = m_3 + m_{11}$.

d) Il circuito logico minimo (della funzione Q minimizzata) è dato dalla seguente figura:

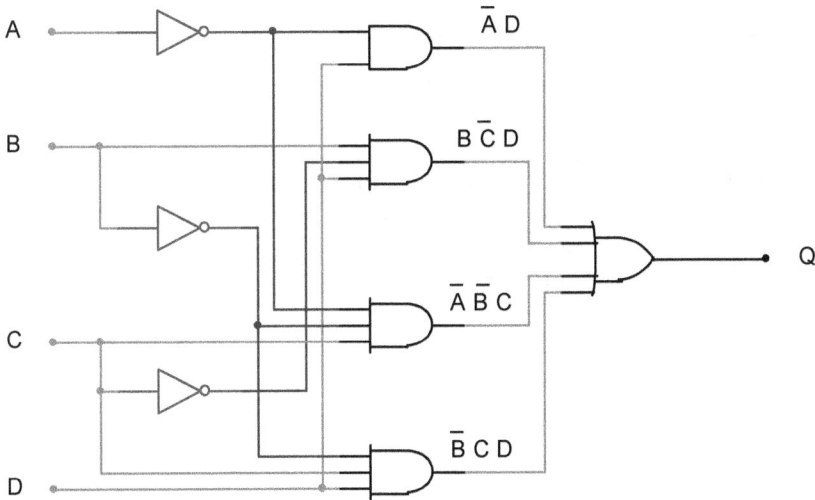

Fig. 59 Circuito logico minimo della funzione Q

e) Il circuito elettrico, realizzato con relais e contatti, minimo della funzione booleana di Uscita minima

$$Q = \overline{A} \bullet D + B \bullet \overline{C} \bullet D + \overline{A} \bullet \overline{B} \bullet C + \overline{B} \bullet C \bullet D$$

è mostrato nella figura seguente:

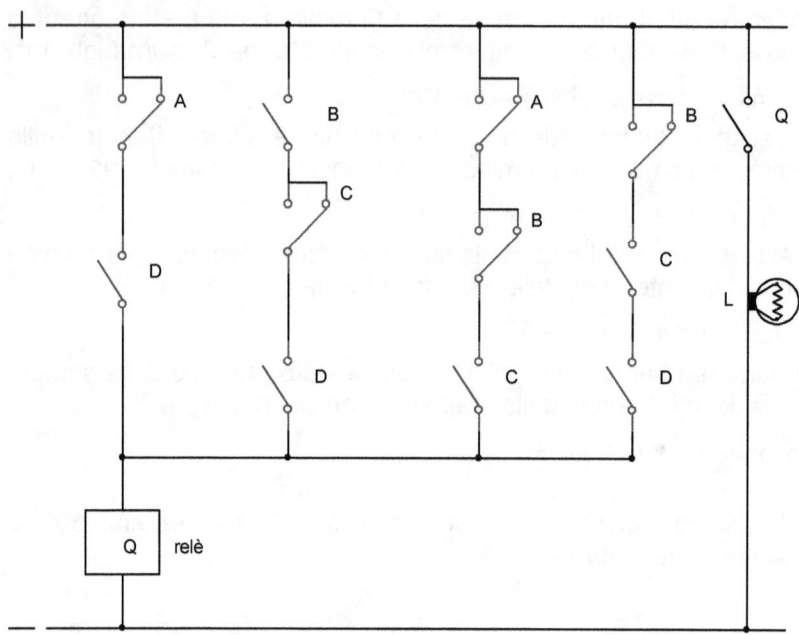

Fig. 60 Circuito elettrico minimo della Q con relais e contatti

Quando i bit di A, B, C e D hanno come corrispondente numero decimale un *numero primo* la bobina Q si eccita e chiude l'interruttore Q provocando l'accensione della lampadina L;
se il numero decimale non è primo la Q si diseccita o rimane non eccitata ed apre oppure lascia aperto l'interruttore Q con conseguente non accensione della lampadina L.

Le due forme canoniche di una funzione booleana Q

Mettendo in OR fra loro tutti i **mintermini** di una funzione booleana Q (il cui valore vale 1) si ottiene la *prima forma canonica*.

Nel mintermine una variabile di ingresso (A,B,C,D) compare in *forma diretta* se ha valore 1, mentre compare in *forma negata* se ha il valore 0. Mettendo in AND fra loro tutti i **Maxtermini** di una funzione booleana Q (il cui valore vale 0) si ottiene la *seconda forma canonica*. Nel Maxtermine una variabile di ingresso (A,B,C,D) compare in *forma diretta* se ha valore 0, mentre compare in *forma negata* se ha il valore 1.

N.	A	B	C	D	Q	mintermini	Maxtermini
0)	0	0	0	0	1	$mo = \overline{A} \bullet \overline{B} \bullet \overline{C} \bullet \overline{D}$	
1)	0	0	0	1	0		$M_1 = A + B + C + \overline{D}$
2)	0	0	1	0	1	$m_2 = \overline{A} \bullet \overline{B} \bullet C \bullet \overline{D}$	
3)	0	0	1	1	0		$M_3 = A + B + \overline{C} + \overline{D}$
4)	0	1	0	0	0		$M_4 = A + \overline{B} + C + D$
5)	0	1	0	1	1	$m_5 = \overline{A} \bullet B \bullet \overline{C} \bullet D$	
6)	0	1	1	0	0		$M_6 = A + \overline{B} + \overline{C} + D$
7)	0	1	1	1	1	$m_7 = \overline{A} \bullet B \bullet C \bullet D$	
8)	1	0	0	0	1	$m_8 = A \bullet \overline{B} \bullet \overline{C} \bullet \overline{D}$	
9)	1	0	0	1	0		$M_9 = \overline{A} + B + C + \overline{D}$
10)	1	0	1	0	0		$M_{10} = \overline{A} + B + \overline{C} + D$
11)	1	0	1	1	0		$M_{11} = \overline{A} + B + \overline{C} + \overline{D}$
12)	1	1	0	0	0		$M_{12} = \overline{A} + \overline{B} + C + D$
13)	1	1	0	1	1	$m_{13} = A \bullet B \bullet \overline{C} \bullet D$	
14)	1	1	1	0	0		$M_{14} = \overline{A} + \overline{B} + \overline{C} + D$
15)	1	1	1	1	1	$m_{15} = A \bullet B \bullet C \bullet D$	

Tab. 32 Tabella di verità con elencazione dei corrispondenti mintermini e Maxtermini

La funzione di uscita Q può essere ricavata direttamente dalla tabella come Somma di Prodotti (OR di AND), cioè come somma dei mintermini per cui la funzione Q vale 1 nella tabella di verità.

$$Q = m_0 + m_2 + m_5 + m_7 + m_8 + m_{13} + m_{15}$$

L'espressione della uscita booleana Q espressa nella prima forma canonica ricavata dalla tabella di verità è la seguente (in cui omettiamo l'AND • fra le variabili costituenti i mintermini):

$$Q = \overline{A.C\,D} + A\overline{BC\,D} + \overline{AB}C\overline{D} + AB\overline{C}D + \overline{A}BCD + ABCD + \overline{ABC}\,\overline{D}$$

La funzione di uscita Q può essere ricavata direttamente dalla tabella come Prodotto di Somme (AND di OR), ossia come prodotti dei Maxtermini per cui la funzione Q vale 0 nella tabella di verità.

$$Q = M_1 \bullet M_3 \bullet M_4 \bullet M_6 \bullet M_9 \bullet M_{10} \bullet M_{11} \bullet M_{12} \bullet M_{13} \bullet M_{14}$$

L'espressione della uscita booleana Q espressa nella seconda forma canonica, ricavata dalla tabella di verità sopra mostrata, è la seguente:

$$
\begin{aligned}
Q = &\left(A + B + C + \overline{D}\right) \bullet \left(A + B + \overline{C} + \overline{D}\right) \bullet \left(A + \overline{B} + C + D\right) \bullet \\
&\bullet \left(A + \overline{B} + \overline{C} + D\right) \bullet \left(\overline{A} + B + C + \overline{D}\right) \bullet \left(\overline{A} + B + \overline{C} + D\right) \bullet \\
&\bullet \left(\overline{A} + B + \overline{C} + \overline{D}\right) \bullet \left(\overline{A} + \overline{B} + C + D\right) \bullet \left(\overline{A} + \overline{B} + \overline{C} + D\right)
\end{aligned}
$$

Si noti come, fra prima e seconda forma canonica della Q esista un *principio di dualità*.

Il **principio di dualità** afferma che: data un'eguaglianza se ne ottiene un'altra sostituendo gli operatori AND con gli operatori OR gli 1 con gli 0 e viceversa.

Infatti, nelle due forme canoniche sono sostituiti gli AND con gli OR, gli 1 con gli 0.

Secondo metodo per ricavare la Tabella di Verità di una funzione booleana di Uscita Q

Supponiamo di trovarci di fronte al problema seguente. Data la funzione booleana di Uscita Q ricavare la corrispondente Tabella di Verità.

Il metodo, in generale, per risolvere questo problema è il seguente:

Si identifica il numero *N* di variabili di Ingresso della funzione Q.
Pensiamo la Q come formata dalla somma logica (OR) di *m* termini
qi per *i* = 1...*m*, ossia: $Q = q1 + q2 + q3 + ... + qm$.

Si considerano i singoli termini della somma logica che compongono la funzione di Uscita Q: q1, q2, q3, ..., qm e, per ciascuno di essi si scrive la <u>Mappa di Karnaugh parziale</u> ad *N* variabili di Ingresso.

Dal confronto tra tutte le Mappe di Karnaugh parziali, ricavate al punto precedente, si scrive la Mappa di Karnaugh Complessiva **sovrapponendo** le singole Mappe di Karnaugh parziali.

Si scrive la Tabella di Verità corrispondente alla Mappa di Karnaugh complessiva sopra ricavata corrispondente alle 2^N combinazioni di Ingressi uniche.

Applichiamo il secondo metodo ora esposto alla seguente funzione:
$$Q = \overline{A} \bullet D + D + B \bullet C + A \bullet C \bullet \overline{D}$$

Il numero di variabili d'Ingresso della Q è *N*=4; le variabili sono A, B, C, D.
Pensiamo la Q come formata da m termini *qi*, in OR fra loro;
essendo m=4, nella funzione Q precedente, avremo:

$$Q = q1 + q2 + q3 + q4$$

Il primo termine della Q è $q1 = \overline{A} \bullet D$ ed ha la seguente Mappa di Karnaugh parziale:

A B CD	00	01	11	10
00	0	0	0	0
01	1	1	0	0
11	1	1	0	0
10	0	0	0	0

Il secondo termine della Q è $q2 = D$ ed ha la seguente Mappa di Karnaugh parziale

A B CD	00	01	11	10
00	0	0	0	0
01	1	1	1	1
11	1	1	1	1
10	0	0	0	0

Il terzo termine della Q è $q3 = B \bullet C$ ed ha la seguente Mappa di Karnaugh parziale:

A B CD	00	01	11	10
00	0	0	0	0
01	0	0	0	0
11	0	1	1	0
10	0	1	1	0

Il quarto termine della Q è $q4 = A \bullet C \bullet \overline{D}$ ed ha la seguente Mappa di Karnaugh parziale:

A B CD	00	01	11	10
00	0	0	0	0
01	0	0	0	0
11	0	0	0	0
10	0	0	1	1

4) La Mappa di Karnaugh Complessiva, ottenuta sovrapponendo le singole Mappe di Karnaugh parziali, è la seguente:

A B CD	00	01	11	10
00	0	0	0	0
01	1	1	1	1
11	1	1	1	1
10	0	1	1	1

5) La Tabella di Verità corrispondente alla Mappa di Karnaugh complessiva è la seguente:

A	B	C	D	Q
0	0	0	0	0
0	0	0	1	1
0	0	1	0	0
0	0	1	1	1
0	1	0	0	0
0	1	0	1	1
0	1	1	0	1
0	1	1	1	1
1	0	0	0	0
1	0	0	1	1
1	0	1	0	1
1	0	1	1	1
1	1	0	0	0
1	1	0	1	1
1	1	1	0	1
1	1	1	1	1

Mostriamo nella figura successiva tutte le *Mappe di Karnaugh parziali* e la *Mappa complessiva* in cui si può notare, dai diversi colori, come abbiamo sovrapposto le singole Mappe parziali.

Le caselle sovrapposte sono quelle che hanno combinazioni di ingressi uguali nelle diverse Mappe di Karnaugh parziali e nelle corrispondenti tabelle di verità parziali.

$\overline{A} \cdot D$

CD \ AB	00	01	11	10
00	0	0	0	0
01	1	1	0	0
11	1	1	0	0
10	0	0	0	0

$A \cdot C \cdot \overline{D}$

CD \ AB	00	01	11	10
00	0	0	0	0
01	0	0	0	0
11	0	0	0	0
10	0	0	1	1

D

CD \ AB	00	01	11	10
00	0	0	0	0
01	1	1	1	1
11	1	1	1	1
10	0	0	0	0

$Q = \overline{A} \cdot D + D + C \cdot B + A \cdot C \cdot \overline{D}$

CD \ AB	00	01	11	10
00	0	0	0	0
01	1	1	1	1
11	1	1	1	1
10	0	1	1	1

$B \cdot C$

CD \ AB	00	01	11	10
00	0	0	0	0
01	0	0	0	0
11	0	1	1	0
10	0	1	1	0

Fig. 61 Costruzione della MK completa da m MK parziali

Scriviamo di seguito la Tabella di Verità complessiva per la Q e per i singoli qi, per i=1,2,3 e 4, che compongono la Q come somma logica, essendo stata scomposta come:

$Q = q1 + q2 + q3 + q4$.

A	B	C	D	Q	q1	q2	q3	q4	N. Intersezioni
0	0	0	0	0	0	0	0	0	-
0	0	0	1	1	1	1	0	0	1
0	0	1	0	0	0	0	0	0	-
0	0	1	1	1	1	1	0	0	1
0	1	0	0	0	0	0	0	0	-
0	1	0	1	1	1	1	0	0	1
0	1	1	0	1	0	0	1	0	0
0	1	1	1	1	1	1	1	0	2
1	0	0	0	0	0	0	0	0	-
1	0	0	1	1	0	1	0	0	0
1	0	1	0	1	0	0	0	1	0
1	0	1	1	1	0	1	0	0	0
1	1	0	0	0	0	0	0	0	-
1	1	0	1	1	0	1	0	0	0
1	1	1	0	1	0	0	1	1	1
1	1	1	1	1	0	1	1	0	1

Tab. 33 Tabella di Verità complessiva e parziali

Notiamo che con **0 Intersezioni**, la combinazione di Ingressi identifica una casella della Mappa di Karnaugh che ha un 1 che è incluso in una sola box (linea chiusa) <u>non intersecantesi con altre box in tale casella</u> od è <u>un 1 isolato</u>, cioè non appartenente ad alcun gruppo;
con **1 Intersezione**, l'1 della Q è comune a due gruppi; con **2 intersezioni** l'1 della Q è comune a tre gruppi.
Dalla Tabella come dalla figura precedente si può, anche, notare che il termine $q1 = \overline{A} \bullet D$ è <u>completamente contenuto</u> nel termine $q2 = D$.

In altre parole, potremmo dire che il termine $q2 = D$ *assorbe completamente* il termine $q1 = \overline{A} \bullet D$ e, sembra logico usare soltanto il termine $q2 = D$ come risultato (OR) fra i due termini.

A dimostrazione di quanto appena detto, esiste nell'algebra di Boole il *primo teorema dell'assorbimento* che per due variabili binarie X e Y dice che:

$X \bullet Y + X = X \bullet (Y + 1) = X$ ed essendo vero, per la proprietà commutativa, anche, che $Y \bullet X + X = X$ possiamo applicare quest'ultima espressione del teorema al nostro caso.

Posto $Y = \overline{A}$ e $X = D$ avremo per il primo teorema dell'assorbimento che: $\overline{A} \bullet D + D = D$.

Inoltre capiamo che:

a) la sovrapposizione delle singole Mappe di Karnaugh parziali equivale a fare l'OR fra i termini da esse rappresentati;

b) la nostra Q di partenza non è minima.

Il multiplexer

Il multiplexer o MUX o selettore è un circuito combinatorio avente N ingressi, m ingressi di selezione binari ed una uscita. Gli N ingressi sono tali che $2^m=N$. Da questa espressione si ricava: $m=\log_2 N$.

La funzione del multiplexer è quella di smistare in uscita uno degli N ingressi in base al valore assunto dagli m ingressi di selezione (chiamati anche ingressi di controllo).

Per N=16 servono m=4 ingressi di selezione, per N=8 ne servono 3, per N=4 ne servono 2, per N=2 ne serve m=1.

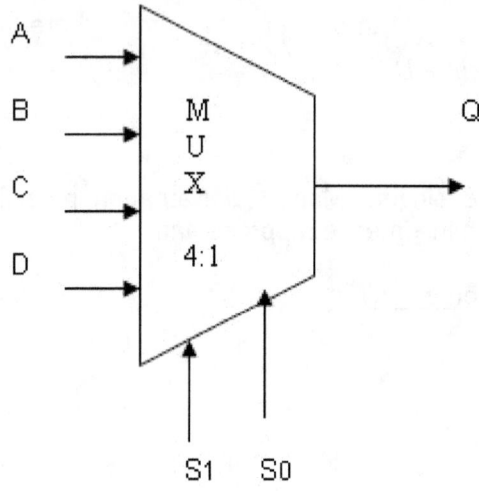

Fig. 62 Multiplexer 4:1

			Uscita
Ingressi sel. / Ingressi	S_1	S_0	Q
A	0	0	A
B	0	1	B
C	1	0	C
D	1	1	D

Per S_1 e S_0 uguale a 00 viene smistato in uscita l'ingresso A, ossia: Q=A; per S_1 e S_0 = 01 si avrà Q=B; per S_1 e S_0 = 10 si avrà Q=C e per S_1 e S_0 = 11 la Q=D.

La funzione che descrive il funzionamento del multiplexer è la seguente:

$$Q = A \cdot \overline{S_1} \cdot \overline{S_0} + B \cdot \overline{S_1} \cdot S_0 + C \cdot S_1 \cdot \overline{S_0} + D \cdot S_1 \cdot S_0$$

Consideriamo, in questo caso, le variabili di input A, B, C, e D come generiche variabili, non necessariamente binarie.

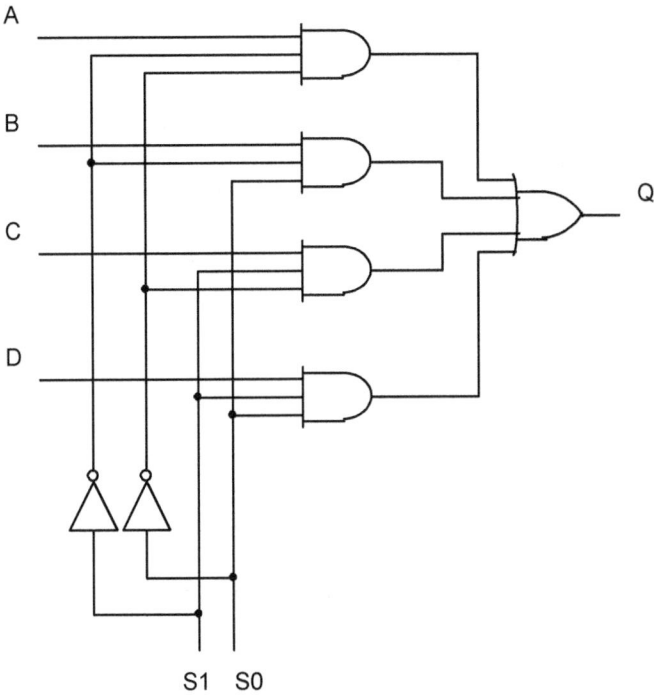

Fig. 63 Circuito logico di un multiplexer

Cap. 6 Esercizi svolti e da svolgere per la Verifica in classe

Esercizio di Verifica svolto N. 1

Data la seguente Tabella di Verità:

A	B	C	Q
0	0	0	1
0	0	1	0
0	1	0	1
0	1	1	0
1	0	0	1
1	0	1	0
1	1	0	1
1	1	1	0

ricavare la forma canonica della funzione booleana di Uscita Q=f(A,B,C) come Somma di Prodotti.

Soluzione esercizio 1

Si scelgono le righe della Tabella di Verità che hanno come valore di Q gli 1; quindi, la funzione di Uscita espressa nella prima forma canonica o forma canonica S.P. (Somma di Prodotti oppure OR di AND) è pari alla somma logica di 4 mintermini:

$$Q = \overline{A} \bullet \overline{B} \bullet \overline{C} + \overline{A} \bullet B \bullet \overline{C} + A \bullet \overline{B} \bullet \overline{C} + A \bullet B \bullet \overline{C}$$

Esercizio di Verifica da svolgere N. 2

Ricavare la Mappa di Karnaugh dalla Tabella di Verità seguente e minimizzare la funzione di Uscita Q delle tre variabili binarie di Ingresso A,B,C facendo uso della Mappa ricavata.

A	B	C	Q
0	0	0	1
0	0	1	0
0	1	0	1
0	1	1	0
1	0	0	1
1	0	1	0
1	1	0	1
1	1	1	0

Soluzione esercizio 2 ?

......

......

Esercizio di Verifica da svolgere N. 3

Dalla seguente Mappa di Karnaugh ricavare la Tabella di Verità, la funzione di Uscita minima Q (scegliendo sulla Mappa gruppi di 1 opportuni) ed il circuito elettrico a relais (*relè*) e contatti minimo.

A B \ CD	00	01	11	10
00	1	1	1	1
01	0	1	1	0
11	0	1	1	0
10	1	0	0	1

Soluzione esercizio 3 ?

......
......

Esercizio di Verifica svolto N. 4

Data la seguente funzione booleana di Uscita:

$$Q = \overline{A} \bullet B \bullet C + A \bullet B + A \bullet \overline{C}$$

a) Ricavare la *Tabella di Verità* della funzione di Uscita Q;
b) Scrivere la Mappa di Karnaugh della Tabella di Verità del punto a) evidenziando, sulla Mappa, con delle linee chiuse gli eventuali *gruppi* di 1 presi;
c) Dire se la funzione booleana Q data è minima ed in caso negativo: ricavare la Q minima dalla Mappa ottenuta al punto b);
d) Disegnare il circuito logico con porte AND, OR e NOT della funzione minima Q;
e) Disegnare il circuito elettrico con relais (relè) e contatti della funzione minima Q.

Metodo Risolutivo

Il metodo che usiamo per risolvere il punto **a)** dell'esercizio precedente è il seguente:
- Individuiamo quante e quali sono le variabili binarie di Ingresso della Q;
- Costruiamo una *tabella di verità parziale o completa* che contenga soltanto gli 1 della Q considerando ogni termine, con le variabili di Ingresso in AND fra loro, che la somma della funzione Q contiene;
- Costruiamo, adesso, la *Tabella di Verità completa* con tutte le combinazioni degli Ingressi e con tutti gli 1 e 0 della Q.

Il metodo che usiamo per risolvere il punto **b)** dell'esercizio è il seguente:
- Costruiamo la Mappa di Karnaugh corrispondente alla Tabella di Verità del terzo punto precedente;
- Evidenziamo con delle linee chiuse i gruppi di 1 sulla Mappa corrispondenti alla Tabella di Verità costruita al punto precedente.

Il metodo che usiamo per risolvere il punto **c)** dell'esercizio è il seguente:

- Per dire se la funzione booleana Q è minima bisogna verificare che i gruppi di 1 presi al punto b) siano quelli ottimali, cioè quelli che rispettano le regole di minimizzazione di una Mappa di Karnaugh che abbiamo fin qui imparato;
- Se la Q del punto precedente è minima essa coincida con la Q data ed abbiamo finito, altrimenti ricaviamo la Q minima prendendo nella Mappa di Karnaugh i gruppi di 1 in modo ottimale.

Il metodo che usiamo per risolvere il punto **d)** dell'esercizio è il seguente:

- Ricavata l'espressione della funzione di Uscita minima Q disegneremo il circuito logico con porte AND, OR e NOT.

Il metodo che usiamo per risolvere il punto **e)** dell'esercizio è il seguente:

- Ricavata l'espressione della funzione di Uscita minima Q disegneremo il circuito elettrico tenendo presente che: agli Ingressi delle porte AND corrispondono contatti in serie (Normalmente Aperti se gli Ingressi sono in forma diretta e Normalmente Chiusi se sono in forma negata), e agli Ingressi delle porte OR corrispondono contatti in parallelo (Normalmente Aperti se gli Ingressi sono in forma diretta e Normalmente Chiusi se sono in forma negata).

Risoluzione esercizio 4

Applichiamo di seguito il metodo, sopra esposto, per risolvere l'esercizio dato.

a)

Le variabili binarie d'Ingresso della funzione di uscita Q sono N = 3, precisamente A, B e C;
La tabella di verità parziale della nostra funzione Q è la seguente:

	A	B	C	Q	termine
1	0	1	1	1	$\overline{A} \bullet B \bullet C$
2	1	1	0	1	$A \bullet B$
3	1	1	1	1	
4	1	0	0	1	$A \bullet \overline{C}$
5	1	1	0	1	

Tab. 34 Tabella di verità Parziale

Il primo termine della funzione booleana Q contiene tutte e tre le variabili A, B e C, quindi basta una sola riga per rappresentarlo nella tabella e lo scriviamo nella riga 1.
Il secondo termine della Q contiene due variabili A e B, quindi servono due righe della tabella per rappresentarlo essendo assente la variabile C; (cioè, per C si mette nella tabella in una riga il valore 0 e nell'altra l'1 in modo tale che **C scompaia** prendendo assieme queste due righe nella Mappa di Karnaugh) e, lo scriviamo nella riga 2 e 3.
Il terzo termine della Q contiene due variabili A e C, perciò servono due righe della tabella per rappresentarlo essendo assente la variabile B; (cioè, per B si mette nella tabella in una riga il valore 0 e nell'altra riga l'1 in modo tale che **B scompaia** prendendo assieme queste due righe nella Mappa di Karnaugh) e, lo scriviamo nella riga 4 e 5.
A volte, conviene scrivere una tabella di verità parziale ed una Mappa di Karnaugh corrispondente per ogni termine della funzione Q da analizzare; questo accade quando si eliminano molte variabili di Ingresso nei termini della Q data.

La Tabella di Verità completa, essendo 3 le variabili di INGRESSO (INPUT), conterrà 8 righe (2 elevato a 3) e la riportiamo di seguito:

A	B	C	Q
0	0	0	0
0	0	1	0
0	1	0	0
0	1	1	1
1	0	0	1
1	0	1	0
1	1	0	1
1	1	1	1

Notiamo che la riga 110 compare due volte, nella tabella di verità parziale del punto precedente, facendoci intuire che nella Mappa di Karnaugh ad essa corrispondente la casella 110 contiene un 1 che è preso da due gruppi diversi.

b)

La Mappa di Karnaugh corrispondente alla Tabella di Verità parziale è la seguente:

A B / C	00	01	11	10
0	0	0	1	1
1	0	1	1	0

Per verificare se è minima la funzione Q, corrispondente alla mappa di Karnaugh precedente, evidenziamo con linee chiuse i gruppi di 1.
In particolare, evidenziamo con delle linee chiuse i gruppi di 1 corrispondenti alla Tabella di Verità parziale come mostrato di seguito.

C \ A B	00	01	11	10
0	0	0	1	1
1	0	1	1	0

c)

Possiamo notare che i gruppi di 1 presi nella Mappa al punto precedente non sono ottimali; per questo, la funzione Q di partenza non è la Q minima.

La Q minima, infatti, si ricava dalla seguente Mappa di Karnaugh prendendo due gruppi di due 1 ciascuno:

C \ A B	00	01	11	10
0	0	0	1	1
1	0	1	1	0

La Q minima risulta essere, dalla Mappa precedente, pari a:

$$Q = A \bullet \overline{C} + B \bullet C$$

Rispetto alla funzione originale $Q = \overline{A} \bullet B \bullet C + A \bullet B + A \bullet \overline{C}$ nella funzione minima trovata si ha un risparmio di porte AND, OR e NOT.

d)

Il **circuito logico** con porte AND, OR e NOT della funzione di Uscita minima Q è dato dalla figura seguente.

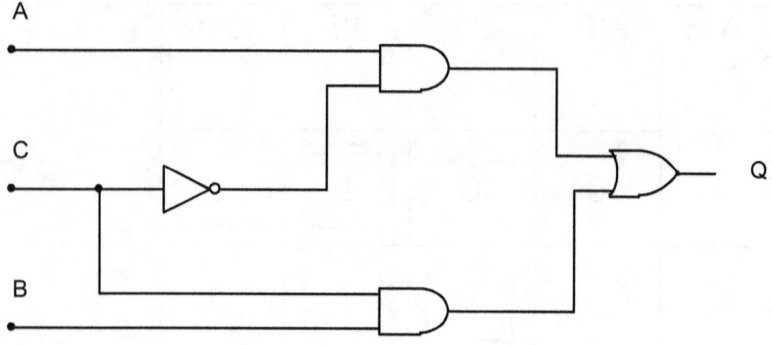

essendo l'espressione dell'Uscita la seguente: $Q = A \bullet \overline{C} + B \bullet C$

e)

Il circuito elettrico, realizzato con relais e contatti, della funzione di Uscita minima Q è dato dalla seguente figura:

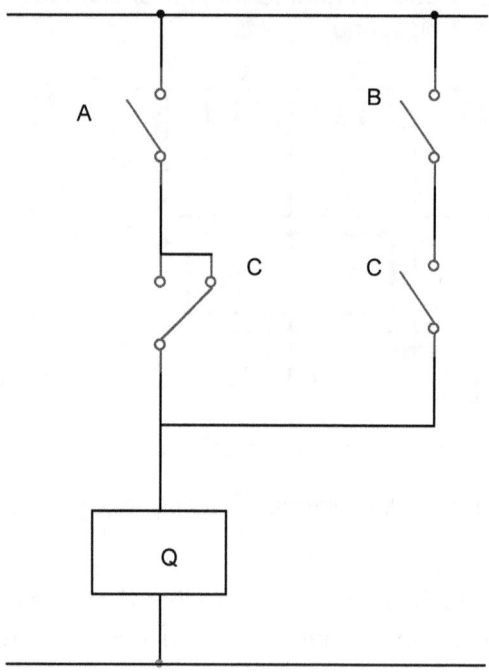

essendo l'espressione dell'Uscita la seguente: $Q = A \bullet \overline{C} + B \bullet C$

Notare come l'AND sia rappresentato da contatti in Serie e l'OR sia rappresentato da contatti in Parallelo.

Esercizio di Verifica da svolgere N. 5

Data la seguente funzione booleana di Uscita:

$$Q = \overline{A} \bullet \overline{D} + C + B \bullet \overline{C} + A \bullet C \bullet \overline{D}$$

1) Ricavare la *Tabella di Verità* della funzione di Uscita Q;
2) Scrivere la Mappa di Karnaugh relativa alla Tabella di Verità del punto 1) evidenziando, sulla Mappa, con delle linee chiuse (box) gli eventuali *gruppi* di 1 presi;
3) Dire se la funzione booleana Q data è minima ed in caso negativo ricavare la Q minima dalla Mappa ottenuta al punto 2);
4) Disegnare il circuito logico con porte AND, OR e NOT della funzione minima Q indicata o ricavata al punto 3);
5) Disegnare il circuito elettrico con relais (relè) e contatti delle due funzioni Q: la funzione Q data e la funzione minima Q ricavata al punto 3) od una soltanto se le due Q coincidono;
6) Facoltativamente. Disegnare il circuito logico con le porte logiche NAND e/o NOR della funzione minima Q ricavata al punto 3).

Soluzione ?

......

......

Esercizio di Verifica da svolgere N. 6

Data la seguente funzione booleana di Uscita:

$$Q = A \bullet B + B \bullet D + A \bullet \overline{C} \bullet \overline{D}$$

1) Verificare se essa è minima;

2) Disegnare il circuito elettrico con relais (relè) e contatti che la rappresenta.

Soluzione ?

......

......

Esercizio di verifica svolto N. 7

Convertire la rete combinatoria composta dalla sola funzione XOR, tra due variabili binarie A e B, in una rete combinatoria di sole porte NAND.

Soluzione esercizio 7

La tabella di verità della funzione XOR fra due variabili binarie A e B è la seguente:

	A	B	$Q = A \oplus B$
0)	0	0	0
1)	0	1	1
2)	1	0	1
3)	1	1	0

$Q = A \oplus B$, ossia $Q = \overline{A} \bullet B + A \bullet \overline{B}$

Il circuito logico con porte AND OR e NOT è, quindi, il seguente:

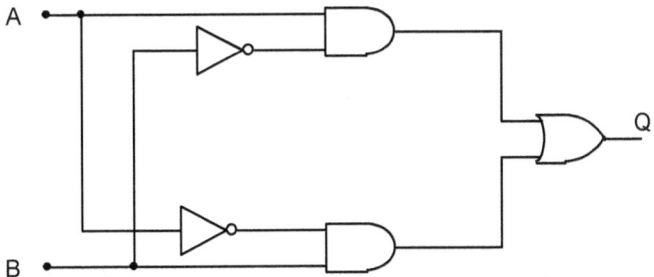

Aggiungiamo dopo le porte AND e prima della porta OR due porte NOT; un NOT per ogni input dell'OR (due negazioni non modificano il circuito) ed otteniamo quanto mostrato di seguito.

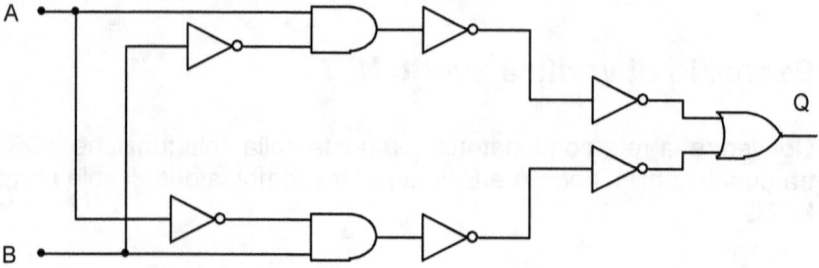

La porta AND seguita da un NOT equivale ad una porta NAND una porta OR preceduta da un NOT equivale ad una porta NAND per quanto abbiamo visto, precedentemente, quando abbiamo parlato dei simboli logici alternativi.

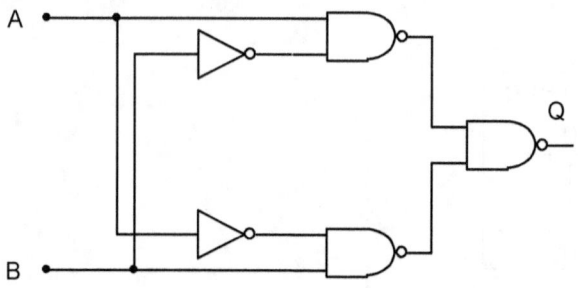

Eliminando i NOT abbiamo quanto richiesto dalla traccia dell'esercizio.

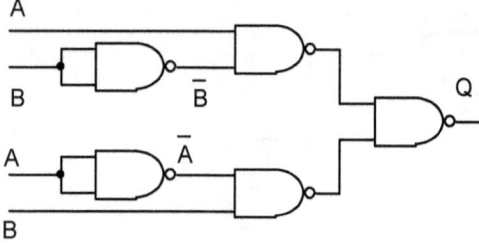

Questo circuito logico equivale alla porta XOR realizzata con unicamente cinque porte NAND.
Ecco perché, si dice che, la porta NAND è una porta completa o universale; ossia, una porta che permette da sola di realizzare tutte le funzioni logiche realizzate con le porte fondamentali.

Esercizio di verifica svolto N. 8

Dimostrare che:

1) $A \oplus B \oplus (A \bullet B) = A + B$

Esplicitiamo lo XOR fra le variabili A e B ed otteniamo:

2) $A \oplus B = \overline{A} \bullet B + A \bullet \overline{B}$

Quindi, riscriviamo la equazione da dimostrare nel seguente modo:

$(\overline{A} \bullet B + A \bullet \overline{B}) \oplus (A \bullet B) =$

Applicando la 2) alla eguaglianza 1) avremo:

$\left(\overline{(\overline{A} \bullet B + A \bullet \overline{B})} \bullet (A \bullet B) + (\overline{A} \bullet B + A \bullet \overline{B}) \bullet \overline{(A \bullet B)} \right) =$

essendo il negato dello XOR uguale all'identità ed applicando il primo teorema di De Morgan[3] avremo:

$= (\overline{A} \bullet \overline{B} + A \bullet B) \bullet (A \bullet B) + (\overline{A} \bullet B + A \bullet \overline{B}) \bullet (\overline{A} + \overline{B}) =$

$\overline{AB} \bullet AB + AB \bullet AB + \overline{AB}\overline{A} + \overline{AB}\overline{B} + A\overline{B}\overline{A} + A\overline{B}\overline{B} =$

$AB \bullet (\overline{AB} + 1) + \overline{A}B + A\overline{B} =$

$AB + \overline{A}B + A\overline{B} =$

$A(B + \overline{B}) + \overline{A}B$

$A + \overline{A}B = A + B$

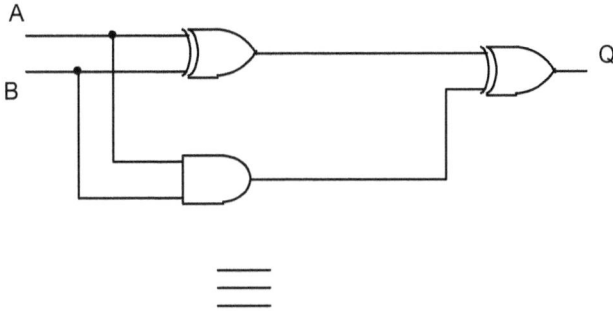

Fig. 64 Circuiti logici equivalenti

---

[3] Vedere l'Appendice.

Possiamo dimostrare che $A + \overline{A}B = A + B$ utilizzando il primo metodo di costruzione della tabella di verità per la funzione a primo membro e, verificare che coincide con la funzione a secondo membro A+B:

A	B	A	$\overline{A} \bullet B$	$Q = A + \overline{A}B$
0	0	0	0	0
0	1	0	1	1
1	0	1	0	1
1	1	1	0	1

Capiamo, quindi, che la dimostrazione della eguaglianza :

$$A \oplus B \oplus (A \bullet B) = A + B$$

può essere fatta usando il primo metodo di costruzione della tabella di verità della funzione Q a primo membro e verificare che essa coincide con la funzione Q a secondo membro.

A	B	$A \oplus B$	$A \bullet B$	$Q = (A \oplus B) \oplus (A \bullet B)$
0	0	0	0	0
0	1	1	0	1
1	0	1	0	1
1	1	0	1	1

È banale notare dall'ultima colonna della tabella precedente che la funzione Q ricavata coincide con la funzione OR, come volevasi dimostrare.

A B	0	1
0	0	1
1	1	1

Tab. 35 Mappa di Karnaugh per la funzione Q precedente

Cap. 7 M.K. con cinque e sei variabili

Per le funzioni booleane con più di 6 variabili di Ingresso diventa difficile l'uso delle mappe di Karnaugh e, si ricorre all'utilizzo di altri metodi di minimizzazione come ad esempio, il metodo di *Quine-McCluskey*, che in questa edizione del testo non tratteremo.

Per le funzioni fino a sei variabili si utilizzano le mappe di Karnaugh ricorrendo all'uso di mappe supplementari in più oltre la quarta variabile di ingresso.

Il numero di tali mappe supplementari necessarie è pari a 2^{N-4}, dove N è il numero di variabili di Ingresso della funzione booleana.

Ad esempio per $N = 5$ variabili necessitano 2 mappe di 4 variabili cadauna, mentre per $N = 6$ variabili necessitano 4 mappe da 4 variabili cadauna.

Per rappresentare le funzioni booleane a 5 e 6 variabili con le mappe di Karnaugh si ricorre, rispettivamente, a due e a quattro mappe di Karnaugh a quattro variabili oppure ad una sola mappa, rispettivamente, di 32, 64 caselle.
Ricaviamo o ricordiamo il Codice di Gray per 3 variabili binarie **E A B**: 000 001 011 010 110 111 101 100.

Si noti come: la prima configurazione di bit, sopra scritta, sia sempre "adiacente" (differisca per il valore di un solo bit) all'ultima configurazione; trattasi, infatti, di un codice di gray, cioè un codice avente distanza di Hamming pari ad uno; codice che, come già detto, usiamo per etichettare le righe e colonne di intestazione di una Mappa di Karnaugh.

EA / B	00	01	11	10
0	*			*
1				

Mappe a 5 variabili E, A, B, C ,D

EAB / CD	000	001	011	010	110	111	101	100
00	1	0	0	0	0	1	0	1
01	0	1	0	1	1	0	1	0
11	0	1	0	1	1	0	1	0
10	1	0	0	0	0	0	0	1

Tab. 36 Esempio di Mappa di Karnaugh a cinque variabili

Quanto mostrato nella Mappa di Karnaugh sopra coincide con la formazione di due mappe da 16 caselle ciascuna in cui nella prima mappa **E** vale zero e nella seconda mappa **E** vale 1 come mostrato di seguito.

E = 0

AB / CD	00	01	11	10
00	1	0	0	0
01	0	1	0	1
11	0	1	0	1
10	1	0	0	0

E = 1

AB / CD	00	01	11	10
00	1	0	1	0
01	0	1	0	1
11	0	1	0	1
10	1	0	0	0

Tab. 37 Esempio con due Mappe di Karnaugh a quattro variabili

Per la mappa a sinistra consideriamo la prima variabile E pari a 0 (zero) e per la mappa a destra E pari ad 1 (uno).
Per quanto riguarda le adiacenze bisogna immaginare di sovrapporre la mappa alla destra sopra la mappa di sinistra e,

verificare che, dove vi è uguaglianza di 1, vi è adiacenza fra le corrispondenti caselle e quindi, eliminazione della variabile E.

La funzione booleana di uscita minima della mappa di Karnaugh sopra presentata ha la seguente espressione:

$$Q = E \bullet A \bullet B \bullet \overline{C} \bullet D + A \bullet \overline{B} \bullet D + \overline{A} \bullet B \bullet D + \overline{A} \bullet \overline{B} \bullet \overline{D}$$

(Per la mappa a 5 variabili otteniamo lo stesso effetto delle due mappe a 4 variabili chiudendo intorno all'asse di simmetria centrale, che funge da cerniera, la mappa di destra sopra la mappa di sinistra).

Infatti, sovrapponendo le due Mappe a 4 variabili (la mappa di destra sopra quella di sinistra) abbiamo la configurazione mostrata di seguito, in cui sul lato sinistro della cella inseriamo il valore di Q della prima mappa e sul lato destro inseriamo il valore di Q della seconda mappa:

A B / CD	00	01	11	10
00	1 1	0 0	0 1	0 0
01	0 0	1 1	0 0	1 1
11	0 0	1 1	0 0	1 1
10	1 1	0 0	0 0	0 0

Tab. 38 Sovrapposizione fra Mappe di Karnaugh a 4 variabili

Se per una cella abbiamo una coppia di 1 significa che: in tale cella si elimina la variabile E; se abbiamo una coppia di 0 ed 1: in tale cella compare la variabile E.

Per le restanti variabili A, B, C e D: si prendono gli 1 a gruppi con il consueto metodo di adiacenza fra caselle, se esiste; altrimenti, si prendono gli 1 singolarmente ed in tal caso compare la variabile E.

Tabella di Verità per la Mappa di Karnaugh a 5 variabili

E	A	B	C	D	Q
0	0	0	0	0	**1**
0	0	0	0	1	0
0	0	0	1	0	**1**
0	0	0	1	1	0
0	0	1	0	0	0
0	0	1	0	1	**1**
0	0	1	1	0	0
0	0	1	1	1	**1**
0	1	0	0	0	0
0	1	0	0	1	**1**
0	1	0	1	0	0
0	1	0	1	1	**1**
0	1	1	0	0	0
0	1	1	0	1	0
0	1	1	1	0	0
0	1	1	1	1	0
1	0	0	0	0	**1**
1	0	0	0	1	0
1	0	0	1	0	**1**
1	0	0	1	1	0
1	0	1	0	0	0
1	0	1	0	1	**1**
1	0	1	1	0	0
1	0	1	1	1	**1**
1	1	0	0	0	0
1	1	0	0	1	**1**
1	1	0	1	0	0
1	1	0	1	1	**1**
1	1	1	0	0	**1**
1	1	1	0	1	0
1	1	1	1	0	0
1	1	1	1	1	0

Notare che: una tabella di verità la si riempie facilmente, con i valori binari delle variabili di Ingresso, inserendo nella colonna all'estrema sinistra 2^{N-1} (zeri) e 2^{N-1} (uni), dove N, al solito, rappresenta il numero di variabili di Ingresso; nella colonna alla destra di quest'ultima inserendo 2^{N-2} zeri e 2^{N-2} uni alternativamente fino ad arrivare alla riga numero 2^{N-1} ... eccetera.

Nella prima colonna all'estrema destra delle variabili di Ingresso si inseriscono $2^0 = 1$ 0 (zeri) e $2^0 = 1$ (uni) alternativamente fino a giungere a riempire tutte le righe.

Si ottengono in questo modo tutte le possibili configurazioni (lette per riga) che possono assumere le variabili d'Ingresso.
Fatto ciò: all'estrema destra della tabella, fin qui costruita, si inserisce la colonna della funzione di uscita Q.

Si consiglia d'utilizzare questa tecnica quando si riempie con uni e zeri una tabella di verità, in quanto la probabilità di commettere errori, nello scrivere le diverse configurazioni di bit, è molto bassa.

Per completare tutte le configurazioni che possono assumere N=6 variabili d'ingresso scriveremo: 32 uni e 32 zeri nella prima colonna a sinistra della tabella di verità, 16 uni e 16 zeri ed altri 16 uni e 16 zeri nella colonna a fianco; si procede con questo metodo così di seguito fino ad arrivare a scrivere nella colonna all'estrema destra zero ed uno alternativamente.

Mappe a 6 variabili E, A, B, F, C, D

	E=0 F=0				E=1 F=0			
EAB \ FCD	000	001	011	010	110	111	101	100
000	1	0	0	0	0	0	0	0
001	0	0	0	0	0	0	0	0
011	0	0	1	0	0	1	0	0
010	0	0	0	1	1	0	0	0
110	1	0	0	1	1	0	0	0
111	0	0	1	0	0	1	0	0
101	0	0	0	0	0	0	0	0
100	0	0	0	0	0	0	0	0

E=0 F=1   E=1 F=1

Tab. 39 Esempio di Mappa di Karnaugh a 6 variabili

Abbiamo due linee di simmetria: la linea tratteggiata verticale e la linea orizzontale che delimitano 4 sottomappe da 4 variabili più i valori di E ed F che sono fissati per singola sottomappa.

Nel primo quadrante a sedici caselle, in alto a sinistra, abbiamo che la variabile E vale zero, così come pure la variabile F vale 0. Similmente, per gli altri 3 quadranti a sedici caselle.

Prendendo il gruppo di 4 uni al centro della mappa abbiamo che: scompare la variabile F e scompare pure la variabile E; quindi, rimane il termine: $A \bullet \overline{B} \bullet C \bullet \overline{D}$. Prendendo i 4 restanti uni adiacenti per le variabili E ed F avremo che, anche per essi, scompaiono le variabili E ed F e rimane il termine: $A \bullet B \bullet C \bullet D$.

E=0 F=0

AB CD	00	01	11	10
00	1	0	0	0
01	0	0	0	0
11	0	0	1	0
10	0	0	0	1

E=1 F=0

AB CD	00	01	11	10
00	0	0	0	0
01	0	0	0	0
11	0	0	1	0
10	0	0	0	1

AB CD	00	01	11	10
00	0	0	0	0
01	0	0	0	0
11	0	0	1	0
10	1	0	0	1

AB CD	00	01	11	10
00	0	0	0	0
01	0	0	0	0
11	0	0	1	0
10	0	0	0	1

E=0 F=1   E=1 F=1

Tab. 40 Quattro mappe di 4 variabili

Per i restanti 1 abbiamo un termine, detto singoletto — collocato nella prima sottomappa, — che vale: $\overline{E} \bullet \overline{A} \bullet \overline{B} \bullet \overline{F} \bullet C \bullet \overline{D}$ e, l'altro 1 che è adiacente all'uno collocato sulla stessa riga e nella stessa mappa (E=0 F=1) e risulta, per essi, essere: $\overline{E} \bullet \overline{B} \bullet F \bullet C \bullet \overline{D}$ (scomparendo la variabile A).

La funzione Q minima (ricavata dalla mappa di Karnaugh a sei variabili) è, quindi, la seguente:

$$Q = A \bullet \overline{B} \bullet C \bullet \overline{D} + A \bullet B \bullet C \bullet D + \overline{E} \bullet \overline{A} \bullet \overline{B} \bullet \overline{F} \bullet \overline{C} \bullet \overline{D} +$$

$$+ \overline{E} \bullet \overline{B} \bullet F \bullet C \bullet \overline{D}$$

Anche qui, per trovare le adiacenze per le variabili E ed F dobbiamo pensare di sovrapporre (a formare 4 livelli) le mappe a 4 variabili. Nello strato più in basso deve comparire la mappa con E=0 F=0 poi la mappa con E=0 F=1 poi la mappa con E=1 F=1 e poi la mappa con E=1 F=0.

Quindi, applicando la sovrapposizione alla figura con 64 caselle ciò: equivale a ruotare di 180 gradi intorno al semiasse orizzontale la semimappa a 32 caselle, posta sotto tale semiasse e poi, ruotare quanto ottenuto di 180 gradi intorno al semiasse verticale da destra verso sinistra.

È come se dividessimo un foglio quadrato in quattro quadranti e piegassimo i due quadranti in basso verso i due quadranti in alto e poi, ruotassimo fino a sovrapporlo il quadrante di destra verso il quadrante di sinistra. Otteniamo quanto mostrato di seguito, applicato all'esempio sopra esposto:

A B CD	00	01	11	10
00	1000	0000	0000	0000
01	0000	0000	0000	0000
11	0000	0000	1111	0000
10	0100	0000	0000	1111

Tab. 41 Esempio di quattro mappe sovrapposte

Funzioni booleane a più uscite

Notiamo che abbiamo fin qui sempre parlato di una sola funzione di uscita Q, ma in realtà le possibili funzioni di uscita binarie diverse sono:

2 elevato a 2^N, dove N è, al solito, il numero delle variabili binarie d'ingresso.[4]

Per N =1 abbiamo 4 possibili funzioni di uscita **Q0**, **Q1**, **Q2**, **Q3**

	$Q_0=f(A)$	$Q_1=f(A)$	$Q_2=f(A)$	$Q_3=f(A)$
A	**Q0**	**Q1**	**Q2**	**Q3**
0	0	0	1	1
1	0	1	0	1

Tab. 42 Possibili funzioni di uscita per una variabile binaria

Per N= 2 abbiamo 16 possibili funzioni di uscita da **Q0**= fino a **Q15** con $Q_i=f(A,B)$ per **i** = 0...15

A	**B**	**Q0**	**Q1**	**Q2**	**Q3**	**Q4**	**Q5**	**Q6**	**Q7..**	**.**
0	**0**	0	0	0	0	0	0	0	0	.
0	**1**	0	0	0	0	1	1	1	1	.
1	**0**	0	0	1	1	0	0	1	1	.
1	**1**	0	1	0	1	0	1	0	1	.

Q8	**Q9**	**Q10**	**Q11**	**Q12**	**Q13**	**Q14**	**Q15**
1	1	1	1	1	1	1	1
0	0	0	0	1	1	1	1
0	0	1	1	0	0	1	1
0	1	0	1	0	1	0	1

Tab. 43 Possibili funzioni di uscita per due variabili binarie

Notare come le varie funzioni Qi, per i che varia da 0 fino a 15, rappresentano alcune funzioni a noi note: ad esempio, la Q1 è la funzione AND: **Q1**=A AND B; la Q7 è la funzione OR; Q12 è la funzione NOT A, la Q8 è la funzione NOR, Q6 è la funzione XOR, Q9 è la funzione NXOR, Q14 è la funzione NAND.

---

[4] Il numero di funzioni di commutazione di N variabili binarie è pari alle disposizioni con ripetizione di 2 elementi su 2^N posti ossia: 2^(2^N).

Le altre sono: Q_0 è la funzione costante 0, Q_5 è la funzione pari a B, eccetera.
Per N=3 abbiamo 256 possibili funzioni di uscita: da Q_0 fino a Q_{255}. Per N=4 avremo 65536 possibili funzioni di uscita: da Q_0 fino a Q_{65535} eccetera. Le funzioni booleane sono importanti poiché sono isomorfe ai circuiti digitali; cioè un circuito digitale può essere espresso tramite un'espressione booleana e viceversa.
Per ogni funzione booleana di uscita si considererà una sua Mappa di Karnaugh quando necessiti minimizzarla.

Funzioni booleane non completamente specificate

Le funzioni booleane Q, che abbiamo fin qui visto, sono dette *completamente specificate* in quanto per tutte le configurazioni delle variabili di Ingresso il loro valore è determinato; o, vale 0 oppure vale 1.
Esistono delle funzioni booleane **non completamente specificate** quando si hanno configurazioni delle variabili di ingresso che non sono possibili oppure, quando ad una o più configurazioni delle variabili di Ingresso corrisponde un valore della funzione di uscita che non è determinato; ossia, Q può per esse valere indifferentemente 1 oppure 0. In questo caso si piazza, un trattino – od una x (chiamate "don't care"), nella mappa di Karnaugh in corrispondenza delle configurazioni non completamente specificate e si assumerà che vale 1 o 0 a seconda di come ci conviene per la minimizzazione della Q.
Esempio di una tabella di verità contenente due funzioni di uscita Q_1 e Q_2 con valore degli ingressi A e B non completamente specificati.

A	B	Q_1	Q_2
0	-	0	0
-	1	0	1
1	-	1	0
-	1	0	1

Considerando nella tabella di verità un valore 0 od 1 al posto del trattino, in modo da coprire tutte le quattro combinazioni possibili degli ingressi (vincolo arbitrario), avremo:

$$Q_1 = A \bullet \overline{B} \qquad Q_2 = \overline{A} \bullet B + A \bullet B$$

Appendice

L'algebra di Boole

I calcolatori elettronici sono realizzati mediante circuiti elementari caratterizzati da due stati di funzionamento: tensione alta, tensione bassa oppure circuito chiuso o aperto eccetera. Per l'analisi e la sintesi di questi circuiti si utilizza l'algebra di Boole. L'algebra di Boole è stata inventata dal matematico inglese George Boole (1815-1864) autore nel 1854 del testo "*Investigation of the Laws of Thought*" (Analisi delle leggi del pensiero).

L'algebra di Boole tratta di un modello di algebra nel quale esistono

solo i "numeri" 1 e 0 e le operazioni logiche NOT, AND, OR elencate in ordine di priorità, dalla priorità più alta alla priorità più bassa.

Talvolta, al posto di 1 e 0 vengono utilizzati T (True, Vero in inglese) e F (False, Falso in inglese) per significare che 1 e 0 non rappresentano numeri nel senso comune che noi intendiamo del termine, ma soltanto uno status, una cosa che esiste oppure non esiste: ad esempio, una Tensione Alta ed una Tensione Nulla o Bassa. Vero e Falso possono sostituire completamente, senza nessun limite, 1 e 0.

L'algebra di Boole richiede e definisce degli assiomi che vedremo di seguito.
Soltanto se sono soddisfatti tutti gli assiomi si parla di Algebra di Boole.

Assiomi dell'algebra di Boole

Posti I simboli: $\overline{}$, $\bullet$ e $+$ per rappresentare, rispettivamente, la funzione **NOT** (Negazione), la funzione **AND** (Intersezione) e la funzione **OR** (Unione). Un'algebra di Boole è una notazione matematica che possiamo chiamare ALBOOLE caratterizzata da due operazioni binarie su ALBOOLE AND e OR e da un'operazione unaria su ALBOOLE NOT e da due elementi particolari 1 e 0 di ALBOOLE tali che per ogni variabile binaria A, B,

C appartenenti alla quintupla ALBOOLE($\overline{}$, $\bullet$, $+$,0,1) siano verificati i seguenti assiomi:

1) Commutatività

$A + B = B + A$ (rispetto alla somma OR)

$A \bullet B = B \bullet A$ (rispetto al prodotto AND)

2) Associatività

$A + (B + C) = (A + B) + C$ (rispetto alla somma OR)

$A \bullet (B \bullet C) = (A \bullet B) \bullet C$ (rispetto al prodotto AND)

3) Distributività

$A \bullet (B + C) = (A \bullet B) + (A \bullet C)$ (rispetto alla somma OR)

$A + (B \bullet C) = (A + B) \bullet (A + C)$ (rispetto al prodotto AND)

4) Complementarietà degli inversi

$A + \overline{A} = 1$ (A OR A negato è uguale ad uno)

$A \bullet \overline{A} = 0$ (A AND A negato è uguale a zero)

Si deducono, inoltre, altre leggi o teoremi dagli assiomi precedenti.

Principio di dualità

Ogni legge (ossia, ogni eguaglianza derivabile dagli assiomi) ha una legge duale, ottenuta con lo scambio: $+$ con $\bullet$ e 0 con1 (e viceversa). Più in generale, ogni proprietà ha una corrispondente proprietà duale.

Teoremi dell'algebra di Boole

Teorema dell'elemento neutro
$A + 1 = 1$ (1 elemento neutro del prodotto)
$A \bullet 0 = 0$ (0 elemento neutro della somma)
Teorema d'identità
$A + 0 = A$
$A \bullet 1 = A$
Teorema dell'Idempotenza
$A \bullet A = A$
$A + A = A$
Teorema del Consenso
$A \bullet B + A \bullet \overline{B} = A$
$(A + B) \bullet (A + \overline{B}) = A$
Teorema di De Morgan
$\overline{A \bullet B} = \overline{A} + \overline{B}$
$\overline{A + B} = \overline{A} \bullet \overline{B}$
Teorema della doppia negazione
Il negato del negato di una variabile booleana coincide con la variabile.
$\overline{\overline{A}} = A$
Teorema dell'assorbimento 1
$A + \left(A \bullet B \right) = A$ (rispetto alla somma OR)
$A \bullet \left(A + B \right) = A$ (rispetto al prodotto AND) [5]
Teorema dell'assorbimento 2 [6]
$A + \overline{A} \bullet B = A + B$
$A \bullet (\overline{A} + B) = A + B$

Possiamo dimostrare la validità del teorema dell'assorbimento 1, rispetto alla somma, in questo modo:
$A + A \bullet B = A \bullet (1 + B) = A \bullet (1) = A$
e, rispetto al prodotto:
$A \bullet (A + B) = A \bullet A + A \bullet B = A + A \bullet B = A \bullet (1 + B) = A \bullet (1) = A$

---

[5] http://en.wikipedia.org/wiki/Boolean_algebra_(structure).
[6] Si può dimostrare: costruendo la tabella di verità del primo e del secondo membro e verificare che hanno valori uguali per tutte le configurazioni delle variabili A e B; vedere pag. 120.

I teoremi di De Morgan

 Augustus De Morgan è nato a Maturai in India il 27 giugno 1806 e morto a Londra il 18 marzo del 1871. E' stato un grande matematico e logico A lui si devono i famosi "teoremi di De Morgan" che sono alla base dei sistemi logici elettronici ed informatici.

Il primo teorema di De Morgan afferma che:
il NAND fra due o più variabili binarie è uguale all'OR dei negati delle singole variabili.
Oppure, con altre parole, il prodotto logico negato di due più variabili booleane è uguale alla somma logica delle singole variabili complementate (o negate).

Quindi, per due variabili binarie avremo:

$$\overline{A \bullet B} = \overline{A} + \overline{B}$$

Per tre variabili binarie la formula del primo teorema diventa:

$$\overline{A \bullet B \bullet C} = \overline{A} + \overline{B} + \overline{C}$$

Provando a negare primo e secondo membro della prima eguaglianza avremo un altro modo di esprimere il primo teorema di De Morgan; ossia, l'AND è uguale al NOR dei negati.

Per due variabili binarie:

$$\overline{\overline{A \bullet B}} = \overline{\overline{A} + \overline{B}} = A \bullet B$$

Il secondo teorema di De Morgan afferma che:
il NOR fra due o più variabili binarie è uguale all'AND dei negati delle singole variabili.

Oppure, con altre parole, la somma logica negata di due o più variabili booleane è uguale al prodotto logico delle singole variabili ciascuna complementata (o, come dir si voglia, negata).

Quindi, per due variabili binarie avremo:

$$\overline{A + B} = \overline{A} \bullet \overline{B}$$

Per tre variabili binarie la formula del secondo teorema di De Morgan diventa:

$$\overline{A + B + C} = \overline{A} \bullet \overline{B} \bullet \overline{C}$$

Provando a negare primo e secondo membro della prima eguaglianza, sopra scritta, avremo un altro modo di esprimere il secondo teorema di De Morgan; ossia, l'OR è uguale al NAND dei negati.

Infatti, per due variabili binarie si ha:

$$\overline{\overline{A + B}} = \overline{\overline{A} \bullet \overline{B}} = A + B$$

Bibliografia

Reti Combinatorie, *Giacomo Cioffi*, Edizioni Scientifiche Siderea Roma (1995);
Lezioni di Sistemi Combinatori e Sequenziali, *G. Cioffi*, Edizioni Scientifiche Siderea Roma (1986);
Architettura del Computer "Un approccio strutturale" *Andrew S. Tanembaum*, Edizioni Jacson Libri (8ª ristampa 1999);
Digital Design, M. Morris Mano, Prentice Hall (1990).

Webliografia

Appunti del corso di Architettura dei calcolatori prof. *Giovanni Chiol*
http://www.disi.unige.it/person/AnconaD/Arch/dispense/l0_comb.html
Algebra booleana:
http://en.wikipedia.org/wiki/Boolean_algebra_(structure)
Mappe di Karnaugh:
http://it.wikipedia.org/wiki/Mappa_di_Karnaugh
Mappe di Karnaugh:
http://www.edscuola.it/archivio/didattica/karnaugh.pdf

Indice delle Figure

Indice delle Tabelle